Controlling Airborne Contaminants at Work:
A Guide to Local Exhaust Ventilation (LEV)

工作场所空气中有害物控制

局部排风系统设置指南

原著者◎英国健康与安全执行局（HSE）

主　译◎楼晓明　邹　华

副主译◎胡　勇　周莉芳　肖结良　翁树玉

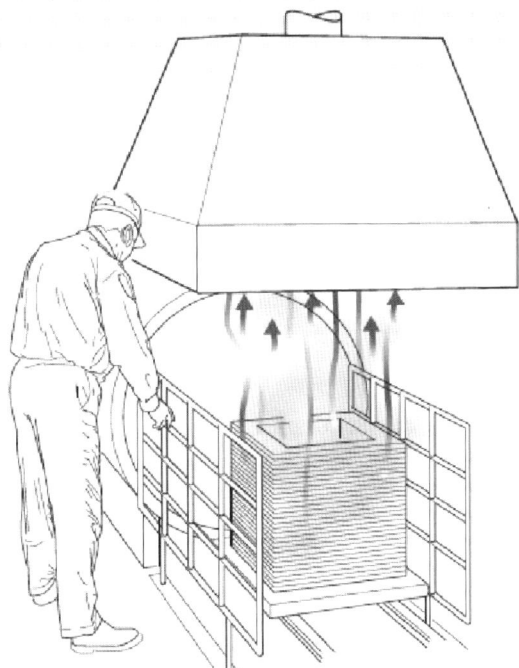

ZHEJIANG UNIVERSITY PRESS
浙江大学出版社
·杭州·

图书在版编目（CIP）数据

工作场所空气中有害物控制：局部排风系统设置指南 / 英国健康与安全执行局（HSE）著；楼晓明，邹华主译 . -- 杭州：浙江大学出版社，2025.5. --ISBN 978-7-308-25204-1

Ⅰ. TU834.5-62

中国国家版本馆 CIP 数据核字第 2024P378A0 号

浙江省版权局著作权合同登记图字：

11-2024-267 号

工作场所空气中有害物控制：局部排风系统设置指南

原著者：英国健康与安全执行局（HSE）

主　译：楼晓明　邹　华

副主译：胡　勇　周莉芳　肖结良　翁树玉

责任编辑　张　鸽　冯其华

责任校对　季　峥

封面设计　黄晓意

出版发行　浙江大学出版社
　　　　　（杭州市天目山路 148 号　邮政编码 310007）
　　　　　（网址：http://www.zjupress.com）

排　　版　杭州晨特广告有限公司

印　　刷　浙江省邮电印刷股份有限公司

开　　本　787mm×1092mm　1/16

印　　张　9.5

字　　数　151 千

版 印 次　2025 年 5 月第 1 版　2025 年 5 月第 1 次印刷

书　　号　ISBN 978-7-308-25204-1

定　　价　98.00 元

浙江大学出版社市场运营中心联系方式：0571-88925591；http://zjdxcbs.tmall.com

《工作场所空气中有害物控制:局部排风系统设置指南》
译 委 会

原 著 者　英国健康与安全执行局(HSE)

主　　　译　楼晓明　邹　华

副 主 译　胡　勇　周莉芳　肖结良　翁树玉

译委会成员(按姓名拼音排序)

陈琪锋	陈　荣	高向景	郭佳娣
郝小吉	赖忠俊	李　飞	凌晓妹
陆桔乃	莫怡涛	全长健	任　鸿
王　鹏	吴　量	肖建光	谢红卫
徐秋凉	姚杰斌	俞顺飞	袁伟明
张海进	郑　康	钟旭初	周　洁
周　振			

本书由浙江省疾病预防控制中心、浙江多谱检测科技有限公司组织翻译

译者前言

职业病防治工作坚持"预防为主、防治结合"的方针,关键在于源头预防。规范设置局部排风系统可以有效控制工作场所粉尘、化学毒物的浓度,改善工作场所环境和条件,切实保障劳动者职业健康,是最经济有效的预防措施之一。

为进一步普及局部排风系统的相关知识和技术要求,我们与英国健康与安全执行局(Health and Safety Executive,HSE)取得联系,在英国政府公开许可的情况下,翻译出版了《工作场所空气中有害物控制:局部排风系统设置指南》[*Controlling Airborne Contaminants at Work-A Guide to Local Exhaust Ventilation*(LEV)]。

本书介绍了局部排风系统的功能定位与职责简介、空气中有害物特性、生产工艺过程与有害物发生源等,并深入浅出地阐述了常见局部排风系统的设计、施工、安装、调试、检测、使用和维护等方面的要求,还包括大量翔实的案例图片(如气流可视化性能评估图等),图文并茂,务实可行,值得国内职业健康工作者学习和借鉴。

本书可以为广大用人单位熟悉并掌握局部排风系统的设计、施工和使用提供指导,也可为职业健康专业技术人员规范开展局部排风系统的检测、评价提供技术指导。

因翻译人员水平有限,加上时间紧迫,本书内容难免存在疏漏或不妥之处,恳请广大读者批评指正,提出宝贵意见和建议。

译者

目　录

CONTENTS

CONTENTS

CONTENTS

第1章 绪 论

1.1 引 言

英国每年有数以千计的劳动者罹患职业性肺病,如职业性哮喘和慢性阻塞性肺病(chronic obstructive pulmonary disease,COPD)。许多劳动者因此终身残疾而无法工作,甚至死亡。劳动者在工作时吸入太多粉尘、烟气或其他有害物,并且常因控制措施不到位而造成职业性肺病。受此影响的行业有许多,如木材加工业、石材加工业、工程及铸造业等,还有涉及焊接、喷漆等工序的相关行业。

本指南阐释了如何利用局部排风系统(local exhaust ventilation,LEV),帮助劳动者在吸入污染物前有效控制工作场所空气中的有害气体、蒸气、粉尘、烟气及雾滴等的暴露风险,描述了局部排风系统通风控制的设计、安装、调试、测试和检查的原则。

1.2 目标人群

用人单位如果使用或打算使用局部排风系统,那么必须确保系统的正确安装、操作和维护。局部排风系统的设备厂商可以帮助用人单位设计、安装和维护设备。因此,本指南旨在帮助用人单位和设备厂商以及管理人员、工会和安全员共同协作,提供有效的局部排风,避免劳动者吸入有害物。书内不同章节适合不同的人群阅读。

有证据表明,用人单位往往没有意识到本单位劳动者正暴露于有害物中,或者现有控制措施可能存在不足。问

题包括以下几个方面:

◇ 未掌握有害物发生源的具体情况。

◇ 用人单位(与设备厂商)对控制措施盲目乐观。

◇ 现有控制措施的性能已下降。

◇ 控制措施未正确使用。

设备厂商可以通过以下几个方面帮助用人单位:

◇ 正确选择局部排风系统。

◇ 提供适用的局部排风系统,并确保其持续运行。

◇ 确认现有控制措施是否有效。

用人单位需要系统的、关键的控制措施,与设计单位、设备厂商及劳动者通力合作,经济、有效地控制有害物暴露风险,避免因此付出高昂代价。

1.3　内　容

本指南已更新到第三版,与第二版相比做了些微调和澄清,基本建议大致相同。它包括下列信息:

◇ 局部排风系统和其他通风系统一样,作为控制有害物暴露所需的一部分措施。

◇ 设备厂商、用人单位及维保单位相关人员,包括安装、调试、维修、检查等人员的定位职责和法律责任。

◇ 相关人员的能力水平。

◇ 设计或提供有效局部排风系统的原则,包括局部排风应与工艺及有害物发生源(暴露源)相匹配。

◇ 排风罩的分类包括密闭罩、接受罩、外吸罩等。

◇ 安装与调试。

◇ 每套局部排风系统有各自的使用手册与工作日志。

◇ 设备厂商应提供每套局部排风系统的检查和维修记录。

◇ 完整的检测报告和测试说明。

本指南未涵盖特定议题,如:生物因素;放射性危害因素;药物密闭;密闭空间通风换气;避难场所(设置于受污染环境中的洁净室);空气净化系统等。然而,这些领域常也需要应用局部排风设计原理。

第2章　局部排风的功能定位与职责

2.1　要　点

◇ 用人单位(局部排风系统的权属方)必须确保控制措施足够有效。

◇ 必须证明局部排风系统的每个环节都是可靠的。

2.2　概　念

局部排风系统是一种工程控制系统,用于减少和控制空气中的有害物,如作业环境中的粉尘、雾滴、烟气、蒸气或气体等(见图2.1)。局部排风系统大多包括以下几项。

排风罩:有害物气流进入局部排风系统的地方。

风管:将废气与有害物由排风罩引导至出风口。

空气净化装置:过滤或净化废气,但并非所有局部排风系统都需要空气净化。

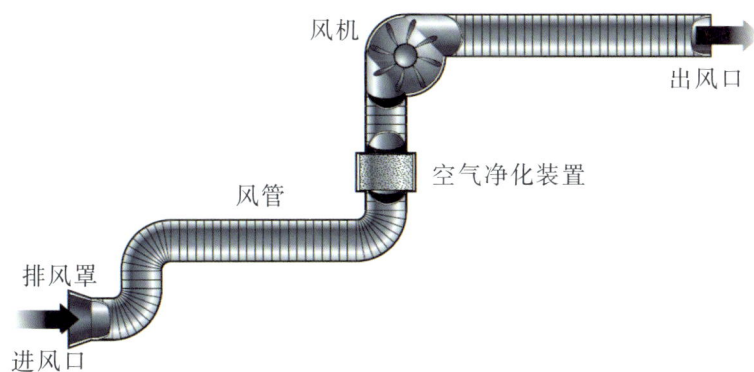

图2.1　简单局部排风系统的构成

风机:带动废气气流的机械装置。

出风口:将废气排放的排气出口。

应确认局部排风系统的所有部件,例如:

◇用于捕获或控制有害物的设备部件,如设备外壳或防护罩。

◇热处理(如熔炉或烘箱)产生的烟道。

◇新风系统(补充空气),特别是从工作区的大型通风室抽取大量空气。

2.3　角色与职责

本指南描述局部排风系统的设计与应用原理。局部排风系统相关角色及其职责如表2.1所示。

表 2.1　局部排风系统相关角色与职责

局部排风系统业主*	局部排风系统设备厂商*	局部排风系统维保单位*
用人单位	设计人员	调试人员
生产劳动者	安装人员	维修工程师
定期检查人员	—	检测人员

*角色可以互换

2.4　用人单位

用人单位是指局部排风系统的所有人,也是新建或改扩建局部排风系统的需求方。

2.4.1　用人单位在设置局部排风系统前需要做的工作

用人单位应从全方位、多角度结合考虑各项控制措施,不应贸然采用局部排风系统。在某些状况下,局部排风不一定是可行的控制措施,例如有害物发生源太多或有害物气流大到局部排风难以控制的情况。其他控制措施包括:

◇消除有害物发生源。

◇以低毒替代高毒。

◇减小生产过程中有害物发生源的规模。

◇优化生产工艺,以减小有害物排放频率或缩短排放持续时间。

◇减少工艺流程所涉及的劳动者人数。

◇采用简易控制措施,如设备加盖密闭。

2.4.2　在局部排风系统导致适配的情况下,用人单位应注意的情况

◇空气中有害物的特性。

◇气体、蒸气、粉尘和雾滴如何逸散到空气中。

◇有害物气流如何随气流移动。

◇工作场所中的生产工艺流程是污染物的主要来源。

◇劳动者是否有必要在有害物发生源附近工作。

◇需要多少控制措施。

◇如何与局部排风系统设计单位明确设计规格和标准要求。

◇如何与局部排风系统的设备厂商、维保单位取得联系。

2.4.3　在设置局部排风系统时,用人单位需要知道的方面

◇排风罩设计与应用的一般原理。

◇气流显示器与其他仪器的需求。

◇捕集区、作业区及呼吸带的概念。

◇风管、风机、空气净化装置的一般原理及相互作用。

◇如何安全地排放有害物,并用清净空气置换的原则。

◇局部排风系统的安装程序与调试。

◇使用者操作手册及工作日志的需求。

◇局部排风系统完整检查与测试的要求。

用人单位必须聘请有能力的人提供局部排风系统服务,其可以是维保单位或本单位的检维修人员。

2.5　定期检查局部排风系统的劳动者

劳动者是生产劳动者或局部排风系统的使用者,需要

正确使用任何局部排风系统及报告故障。

局部排风系统定期检查的执行者通常是一线劳动者，也有可能是维保单位的从业人员。

在进行定期检查时应了解的情况包括：

◇局部排风系统的组件及其功能。

◇如何使用局部排风系统。

◇如何辨识受损组件。

◇局部排风系统是否发挥其设计性能，能对有害物控制效果及暴露情况进行简易检查。

2.6 局部排风系统设备厂商及设计单位

局部排风系统设备厂商提供局部排风系统及售后服务。设计单位有义务满足用人单位的要求，并推荐有效的局部排风系统，以达到控制要求。

设备厂商及设计单位需要了解如下内容：

◇他们的角色及法定职责。

◇如何与用人单位及安装公司有效沟通。

◇待控制的有害物种类及理化特征。

◇局部排风罩设计原理。

◇如何将排风罩设计应用到生产工艺过程以及需要控制的有害物发生源所在的位置。

◇局部排风系统如何设计，以便可简易且安全地进行检查和维修。

◇气流、风管、过滤器、风机、空气净化装置、出风口、仪表及警报器的规格。

◇使用中设备的性能、检查的规格。

◇如何编制局部排风系统用户手册，包括维护保养和法定检测送检计划等。

◇如何准备系统的工作日志，以记录检查结果、更换零件等。

2.7　局部排风系统安装者

局部排风系统安装者需与用人单位负责人共同确认所提供的设备是否能够有效控制有害物。安装者可以是设计单位、维保单位或用人单位(如果有能力)。

安装者应该知道的事情包括:

◇ 如何安全地安装局部排风系统。

◇ 局部排风罩的基本设计原理和正确应用要求。

◇ 如何根据特定设计来安装。

◇ 如何确认局部排风系统能否发挥预期的性能。

◇ 如何与设计单位和用人单位有效地沟通。

2.8　局部排风系统维保单位

维保单位提供局部排风系统的安装、调试、保养及完整检查与测试等服务。

2.9　局部排风系统管理员

局部排风系统管理员要与安装者共同确认设备是否可以常规有效控制有害物。

管理员需要了解的事情包括:

◇ 他们的角色及法定职责。

◇ 如何联络用人单位及劳动者,并与其沟通。

◇ 如何检查局部排风系统是否发挥其预设性能。

◇ 如何制定并描述局部排风系统的性能。

◇ 如何检查有害物暴露是否得到有效控制,局部排风系统是否按设计运行。

◇ 调试报告应包括的内容,作为局部排风系统日后性能评价的参照基准。

2.10　局部排风系统维保工程师

局部排风系统维保工程师通常是维保单位人员，但有时劳动者也可负责完成维保工作。

设备厂商及设计单位应了解的事情包括：

◇ 如何辨识并评估危害。

◇ 如何遵循安全工作制度。

◇ 怎样提醒劳动者目前正在进行维修保养。

◇ 局部排风系统如何运行。

◇ 局部排风系统性能的检查和评估方法。

◇ 定期维护的内容（遵循用户手册的说明）。

◇ 记录绩效指标有哪些；如果有问题，向谁报告。

2.11　局部排风系统检查者

局部排风系统检查者负责完成彻底检查，这通常由维保单位检查者完成，但也可以由用人单位能够胜任此项任务的员工完成。

检查者应了解的事情包括：

◇ 局部排风系统的组件及其功能。

◇ 法定的完整检查与测试要求。

◇ 如何从目视检查中识别受损零件。

◇ 局部排风系统测量和评估的技术方法，及相关检测设备的使用。

◇ 挑选最适合测试局部排风系统各部分性能的仪器。

◇ 局部排风系统每一组件正常运行的标准。

◇ 如何根据测量结果采取合适的评估方法，识别局部排风系统的组件何时出现运行风险。

◇ 如何评估局部排风系统是否可以有效降低空气中有害物的排放及减少劳动者的暴露。

◇ 如何用清晰、简洁及有用的方式来收集和记录所有信息。

◇ 如何安全使用局部排风设备,以及避免有关的危险。

2.12　法定职责

生产、拥有及使用局部排风系统的相关单位的法律责任:

(1)依《工作安全卫生法》(*Health and Safety at Work etc Act*,1974)、《有害物管理规则》[*Control of Substances Hazardous to Health Regulations*(*COSHH*),2002 修订版]及《工作场所安全卫生管理规则》[*Management of Health and Safety at Work Regulations 1999*(*MHSWR*)]规定,用人单位有义务设置局部排风系统来保护劳动者。REACH 的物质安全资料表(Safety Data Sheets)也有关于劳动者的专属条文(见 5.6.3 节)。

(2)依《工作安全卫生法》及《机械供应安全规则》[*Supply of Machinery*(*Safety*)*Regulations 2008*(*SMSR*)]规定,局部排风系统设备厂商有义务提供符合基本安全卫生要求的局部排风系统。

(3)如果用人单位使用可能形成爆炸性环境的物质,则需考虑《2002 年危险物质和爆炸性环境条例》[*Dangerous Substances and Explosive Atmospheres Regulations 2002*(*DSEAR*)]的责任,并按照《1996 年潜在爆炸性环境法规中使用的设备和保护系统》的要求,选择防爆设备供应商。

(4)《工作安全卫生法》及《营造设计及管理规则》[*Construction*(*Design and Management*)*Regulations 2015*(*CDM 2015*)]有规定维保单位的法定职责。

各项法定职责内容见本书附录 1。

2.13　能力要求

工作场所安全卫生管理规则及有害物管理规则另有法定的能力要求,这意味着人们要有足够的培训、知识和经验积累来应对他们的工作。能力要求适用于以下的有关人员:

◇ 设计或选择控制措施。

◇ 检查、测试及保养控制措施。

◇ 向用人单位供应货品和服务，以达安全卫生的要求。

货品及服务供应商的才能要求，指对供应商知识和能力的广度及深度的要求，必须足以评估是否能解决他们可能会碰到的问题。

控制措施越复杂且失败结果越严重，对能力的要求就越高。

◇ 简易、常规、特定工作需要基本知识及训练。

◇ 工作越复杂，对从业人员的要求就越高。他需要具备丰富的经验和知识，才能有效处理可能碰到的各种问题。

许多行业根据从业资格、测试成绩和成功解决问题的经验或资历，来确认从业者的能力。关于如何具备相关"能力"，更多信息可见附录1。

用人单位应结合自身需求选择最优秀的设计单位和设备厂商（可通过招投标确定）。英国健康与安全执行局（Health and Safety Executive, HSE）制作指南协助用人单位选择局部排风系统的设备厂商，设备厂商则需要准备相关资料来应对。

2.14 培训课程

个人想要提高有关局部排风系统的知识和技能，可以考虑参加适当的培训课程，例如局部排风工程师协会（Institution of Local Exhaust Ventilation Engineers, ILEVE）或英国职业卫生学会（British Occupational Hygiene Society, BOHS）所开设或认可的课程。

第3章 空气中有害物特性

3.1 要 点

空气中有害物以气体、蒸气、粉尘、烟气及雾滴等不同形态存在。不同形态物质的逸散机制各不同,有害物逸散到空气中后,气状物随气流混合,颗粒物则悬浮在空气中。本章重点描述空气中有害物的存在形态及相应的一些特性,帮助读者避免一些常见误解。

3.2 空气中有害物

空气中有害物系指颗粒物、气体或蒸气,以及其混合物。颗粒物包括粉尘、烟气、雾滴及纤维等。空气中有害物的一些基本特性见表3.1。

表3.1 空气中有害物的特性

名称	说明与粒径	可见度	举例
粉尘	固体颗粒物:可在处置粉末的过程中产生,也可由粉碎或研磨作业而产生。 可吸入性粉尘:粒径0.01·-100μm。 呼吸性粉尘:粒径<10μm	在漫射光线中: 可吸入性粉尘气流为半透明; 呼吸性粉尘气流的浓度达到10mg/m³时肉眼仍看不见	木粉尘、矽尘
烟气	烟气:固体蒸发再冷凝。 粒径:0.001～1μm	烟气气流往往比较密集,它们是半透明的,烟及烟气通常比同浓度的粉尘更肉眼可见	橡胶烟气、焊锡烟气、电焊烟气
雾滴	液态颗粒物:喷涂等过程所产生的。 粒径范围0.01～100μm,但当挥发性液体蒸发时,粒径分布会改变	同"粉尘"	电镀铬酸雾、漆雾
纤维	固态颗粒物:长径数倍于短径。 粒径同"粉尘"	同"粉尘"	石棉、玻璃纤维

续表

名称	说明与粒径	可见度	举例
蒸气	在常温常压下为液体或固体物质经挥发或升华所形成的气体	肉眼通常看不见。在极高浓度时,肉眼可能看得见蒸气气流	苯乙烯、汽油、丙酮、汞、碘
气体	常温下为气体	肉眼通常看不见。有些高浓度气体具有可见的颜色	氯气、一氧化碳

3.3 粉 尘

3.3.1 粉尘的粒径

可吸入性粉尘和呼吸性粉尘的粒径不同:

◇ 粒径小到可被吸入的粉尘为可吸入性粉尘,其粒径范围为 0.01~100μm。

◇ 可吸入性粉尘气流中包含更小的呼吸性粉尘,呼吸性粉尘可进入肺部,粒径一般小于 10μm。

◇ 粒径大于 100μm 的粉尘一般不易被吸入,它们会自空气中沉降到地面及作业台附近表面。

可吸入性粉尘与呼吸性粉尘各有严格的定义与标准的采样方法。

3.3.2 粉尘气流的可见度

空气中粉尘气流用肉眼看的情况如下:

◇ 当气流以呼吸性粉尘为主时,肉眼一般是看不见的。

◇ 当气流含可吸入性粉尘时,是半透明的。

◇ 雾滴及烟气气流比同浓度的粉尘气流更易被看到。

3.3.3 粉尘气流的来源

大部分来自有机物(例如木材、面粉等)的粉尘气流中的颗粒物是可吸入性的,小部分属呼吸性粉尘。

大部分来自矿物(例如石头、混凝土等)的粉尘气流中的颗粒物是可呼吸性的，小部分属于可吸入性粉尘，但较大颗粒的重量占比高。

3.3.4　颗粒物在空气中的运动

悬浮在空气中的颗粒物运动形式多样，如：

◇粒径大于 100μm 的颗粒物如果以高速射出，可飘浮一段距离，但很快就沉降。

◇粒径在 100μm 左右的颗粒物会沉降在作业台附近（沉降距离视所在位置的风速而定）。

◇较小的颗粒物会悬浮在空气中（可达数分钟）并随气流运动，也就是说，如果作业产生快速气流（如研磨轮、圆盘锯等），细微粉尘会被带至离有害物发生源较远处，使粉尘控制变得困难。

3.3.5　重粉尘

颗粒物的空气动力学直径决定颗粒物在空气中如何运动，不完全归因于原材料的密度，许多人以为密度大的原材料产生重粉尘，于是把局部排风系统的排风罩设置在地面，这是没用的，因为：

（1）大粒径颗粒物，就算来自低密度的原材料（例如塑胶粉尘），也会很快沉降。

（2）小粒径颗粒物，就算来自高密度的原材料（例如铅尘），也会随着有害物气流飘移。

局部排风系统需同时抽走可吸入性悬浮颗粒物和拦截较大的颗粒物。在有些制造业中，例如木工锯料，局部排风系统要同时收集并输送粉尘与木片。

3.4　空气中颗粒物的其他特性

颗粒物（粉尘、烟气、雾滴等）可能具有磨损性或黏性，或易冷凝、易燃，应将这些特性纳入局部排风系统的设计考虑。

3.4.1　具磨损性或腐蚀性的颗粒物

某些颗粒物具有磨损性，某些则具有化学反应性，这些都会损坏局部排气系统的组件，如此在建造局部排风系统时可能严重限制材质的选择（见第7章）。

3.4.2　黏性粉尘、雾滴及冷凝物

如果颗粒物具有黏性或可能会冷凝，在设计局部排风系统时就需要加以考虑。大量冷凝可能会阻塞风管，那么局部排风系统就要装设排液孔，且要装设清扫口以方便检查及清洁。

3.4.3　易燃或可燃性物质

许多有机与金属粉尘是可燃的，局部排风系统需减少点火的机会及可能产生的尘爆。本指南并未涵盖防火防爆议题，如防火区划或爆炸排气等。如果有爆燃风险，设计时就需要考虑防火防爆，可参考安全领域粉尘防火防爆相关法规标准，如《危险物及易爆物气压管制规则》等。

3.5　蒸气混合物、气体-空气混合物

蒸气与气体会在空气中混合并随空气移动。蒸气-空气混合物、气体-空气混合物可被深深吸入肺部。

在作业环境，我们尤其要重视"重蒸气"。

何谓"重蒸气"？饱和蒸气-空气混合物（气流）存在于液面上方，开始蒸发后，它会因比空气重而往下沉，远离有害物发生源。

在大部分作业环境中，空气紊流与侧风很快稀释饱和蒸气-空气混合物（有害物气流），很快地与作业环境空气混合，并与其一起流动。但如果该"重蒸气"不易被稀释，例如蒸气-空气混合物流入密闭空间会沉降而有发生中毒的风险，可能还有发生火灾、爆炸的风险。常发生的情况如

图 3.1 所示:蒸气-空气混合物气流由混合槽上缘流出,并与作业环境空气混合,直接引起爆炸;它也会沿混合槽外缘往下流,沿途与室内空气混合,有些蒸气-空气混合物会流到地面。

  针对图 3.1 所示的作业岗位,较常见排风罩设在低处的局部排风系统,但用这种方法来控制"重蒸气"暴露其实是错误的,其实际上并不能控制暴露(如图 3.1 所示的"错误观念")。在混合槽上缘边框以条形开口排风,是一种有效的局部排风控制方案。局部排风控制措施应该在蒸气-空气混合物与作业环境空气混合前就将其包围并捕集(如图3.1 所示的"解决方案")。

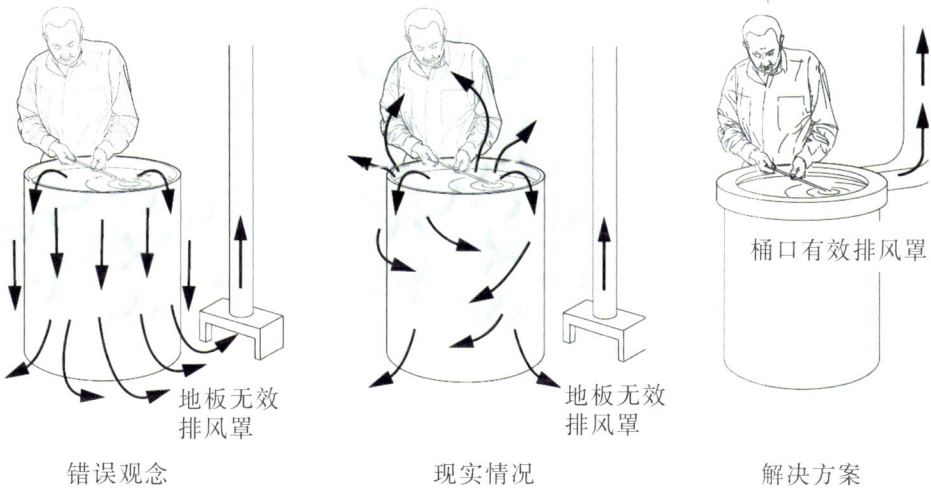

地板无效排风罩   地板无效排风罩   桶口有效排风罩

错误观念   现实情况   解决方案

图 3.1 地面无效排风罩与可有效控制蒸气的解决方法

第4章　工艺过程与有害物发生源

4.1　要　点

为使局部排风系统能有效运行,应了解工艺过程与有害物发生源的情况。本章重点描述空气中有害物是如何产生的。

4.2　工艺过程与有害物发生源

在拟定暴露控制措施时,工艺过程系指空气中产生有害物的过程。例如:对于木工而言,工艺过程包括切割、成型及磨砂等。有害物发生源是工艺过程产生有害物的地方。了解工艺过程系指了解有害物发生源的产生,这样有助于修改工艺过程,以减少有害物发生源及有害物气流的数量或规模。为使局部排风系统有效运行,应妥善了解工艺过程与有害物发生源的情况(见图4.1)。

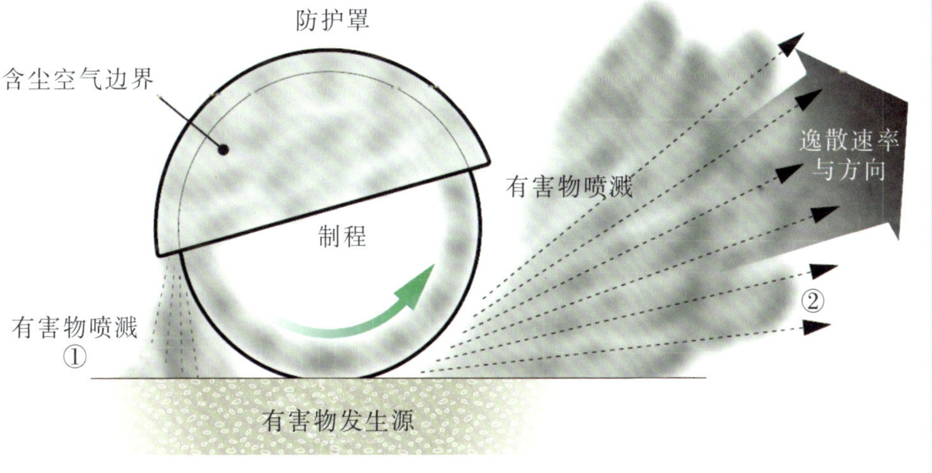

防护罩

含尘空气边界

逸散速率与方向

有害物喷溅

制程

有害物喷溅
①

②

有害物发生源

图 4.1　切割机与粉尘发生源

4.2.1　有害物发生源的形态

有害物发生源可分成4种形态：

◇具浮力的，如热烟气。

◇喷射至空气中的，如以喷枪喷出。

◇逸散至作业环境空气中的，如跟随侧风流动。

◇具有方向性的，至少有5种方向。石材作业及相应的有害物发生源如图4.2所示。

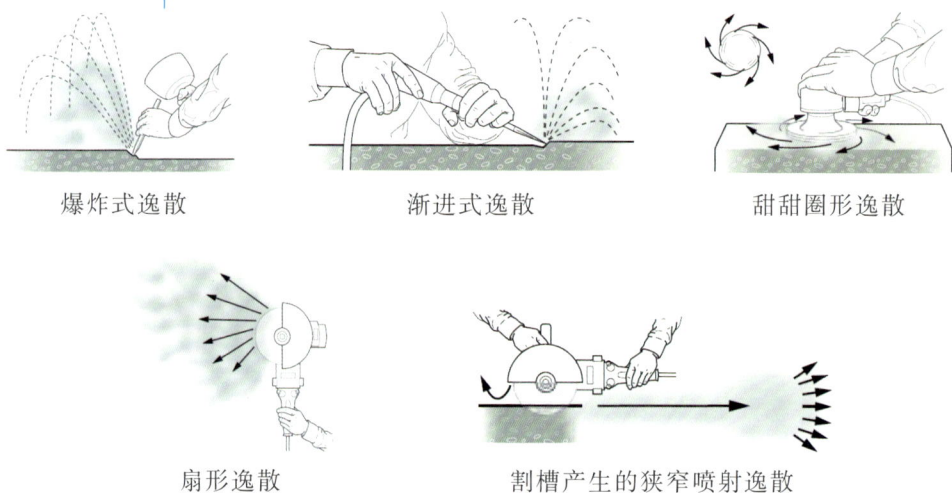

| 爆炸式逸散 | 渐进式逸散 | 甜甜圈形逸散 |

| 扇形逸散 | 割槽产生的狭窄喷射逸散 |

图4.2　石材切割逸散类型

设计者在设计局部排风系统时，应了解作业如何产生有害物发生源，以及有害物气流如何逸散。

4.2.2　有害物发生源的逸散强度

有害物发生源的逸散强度，以有害物产生的区域范围、有害物的逸散速率及有害物气流中的有害物浓度来呈现。

4.2.3　有害物控制措施

有害物控制措施按照以下内容确定：

（1）有害物发生源的逸散强度。

（2）有害物气流体积、形状、速率与流向。

（3）有害物浓度。

有害物离发生源越远，其有害物气流规模会因混合与扩散而越来越大。稀释可降低有害物气流中的有害物浓度。所采取的控制设施越靠近有害物发生源，控制效果越好，因为有害物气流体积越小，它越易受到控制，越有可能彻底拦截整个有害物气流，有害物越难进入劳动者的呼吸带。

同一工艺过程在不同阶段会产生不同的有害物发生源，如图4.1①和②所示，正常研磨作业会产生2个有害物气流。此外，还有3个粉尘发生源。第3个有害物气流来自边界层；第4个来自沉降粉尘的再扬起；第5个来自沉降在衣服上的粉尘。好的控制措施需要检查所有操作过程，以及所有会产生有害物气流的有害物发生源。

图4.3所示为在袋子净空时控制粉尘逸散的局部排风系统；但对净空后袋子的收集却未采取控制措施，此处的有害物发生源常被遗漏。图4.4所示为收集空袋时控制粉尘的局部排风装置。

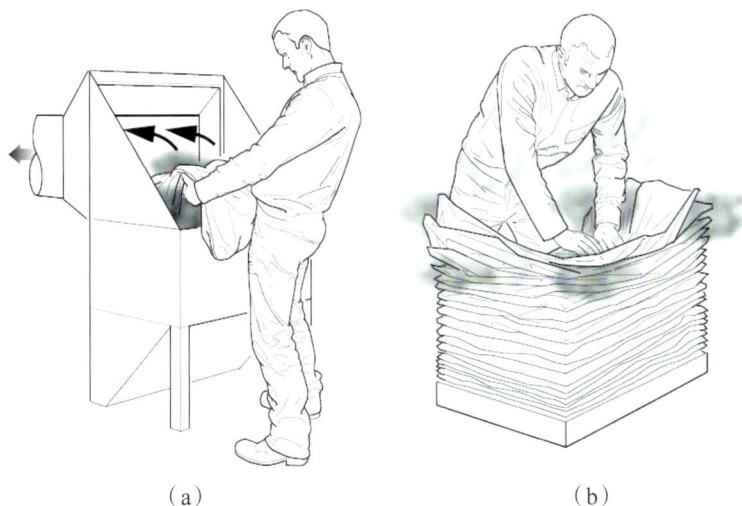

(a)　　　　　　　　　　(b)

图4.3　袋子净空时设置局部排风装置(a)，但收集空袋时未设置局部排风装置(b)

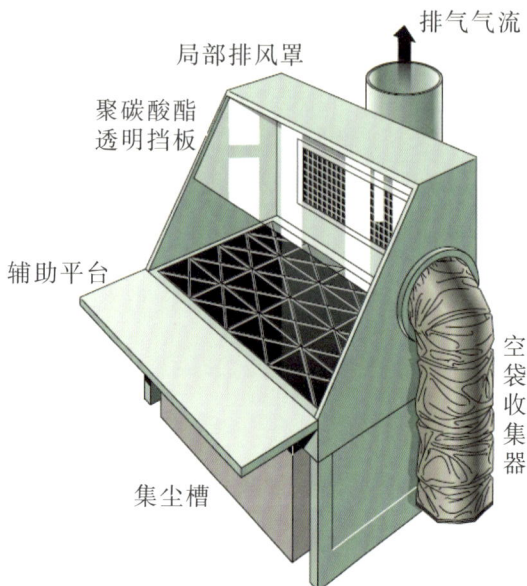

图 4.4　物料倾倒及收集空袋时的局部排风装置

工业企业常见作业及其有害物发生源如表 4.1 所示。

表 4.1　常见作业及其有害物发生源

作业过程	举例	有害物产生机制及发生源	有害物形态	可采取的控制措施
旋转式工具及组件	砂光机、圆锯、砂轮	旋转运动产生风扇效应。有害物发生源会喷射气流（如配备护罩的砂轮等）或甜甜圈形有害物气流（如砂光机等）	粉尘、雾	1.密闭。 2.去除与旋转盘一起转动的含尘空气的边界层。 3.将接受罩与防护罩结合。 4.使用低风量高风速排风系统（low volume high velocity，LVHV）。 5.其他方法：湿式作业
热(冷)工艺	熔炉及铸造、焊锡和钎焊、电焊、使用液氮	热源：烟气上升、扩张，被室内空气冷却并互相混合。 冷源：有害物下沉	烟、蒸气、气体	1.密闭。 2.使用接受罩捕集热烟气或冷的有害物。 3.其他控制，如控制温度以减少烟气

续表

作业过程	举例	有害物产生机制及发生源	有害物形态	可采取的控制措施
自由下落的固体、液体及粉末	落下液体、粉末或固体物料；以输送带输送粉末、固体等	物料落下引起向下气流。如果该物料是粉末，则此气流的边缘有负载细颗粒的空气会产生剪切力，可能会造成空气和灰尘"飞溅"	粉尘、蒸气	1.减少落差。 2.密闭。 3.密封输送机空隙。 4.部分密闭转运点
污染空气	液体、粉末及颗粒注入容器中	物料置换容器中的污染空气，如果物料由高处落下，将导致更多气流来置换容器中的污染空气	粉尘、气体	1.部分密闭。 2.减少落差。 3.缩小开口面积。 4.改装容器成接受型排风罩。 其他方法： 1.输液管延伸到容器底部。 2.采用蒸气回收系统
喷漆与喷砂	喷漆、喷砂	压缩空气气压产生喷射气流致使空气流动，有害物气流呈圆锥形。油漆喷枪可喷出速率超过100m/s的高速空气，并达12m远	雾滴、蒸气、粉尘	1.减小气压，如高量低压（high velocity low pressure，HVLP）喷枪。 2.使用涂装间或部分密闭罩。 其他方法： 1.呼吸防护用品。 2.湿润磨料。 3.使用钢砂替代矿物砂。 4.使用静电喷涂工艺
固体粉碎	粉碎岩石、粉碎道路底石——混凝土切断（如制作石板）	粉碎产生粉尘气流的爆炸式逸散。石材移动时会产生气流或促使产生粉尘气流	粉尘	1.完全或部分密闭。 2.接受罩、吹吸罩或者其他外部排风罩。 其他方法： 1.湿式作业。 2.呼吸防护用品

续表

作业过程	举例	有害物产生机制及发生源	有害物形态	可采取的控制措施
撞击和振动	把布满粉尘的袋子扔到某一物体表面机械振动,使已沉降的粉尘再次扬起	物理性撞击或振动产生粉尘气流,沾染粉尘的衣物也会产生粉尘气流,已沉降的粉尘可再扬起	粉尘	结合工艺尽量密闭。其他方法: 1.控制泄漏。 2.真空除尘。 3.减少撞击与振动
破碎	废弃物破碎	破碎产生粉尘气流,废弃物移动时会产生气流	粉尘	1.破碎机在自带的密闭装置中作业。 2.部分密闭
机械加工	铣床、车床	金属切削液用于旋转或往复运动物件上	雾	1.密闭。 2.部分密闭。其他方法: 1.冷加工。 2.增加金属切削液冷却效果
打磨	砂磨、研磨、抛光、去毛刺	机械去除物件表面物质导致粉尘逸散	粉尘	1.外部排风罩,如下吸罩或侧吸罩。 2.部分密闭,如打磨排风柜。 3.低风量高风速排风系统(low volume high velocity,LVHV)。其他方法:湿式作业
清扫	车间地面、设备表面清扫	已沉降的粉尘再次扬起;粉尘气流随扫帚清扫方向运动	粉尘	其他方法: 1.减少粉尘泄漏。 2.真空吸尘。 3.湿式清扫

第5章　设备规格与报价单

5.1　要　点

本章主要介绍通风设备的选取规格与价格。选取通风设备的关键点在于能够满足用人单位制定的有害物控制方案的要求,通过工程控制和工程设备管理,实现在作业场所清除有害物或者降低其浓度的目标。

工程控制指控制有害物气流的所有设备、警报器和设计元件,通常包括局部排风系统主体,也包括处理设备、定位夹具、有一定寿命的临时屏幕及元件。例如,一个密闭的输送机的接头密封的有效性,对于最大限度地减少排放量和劳动者的职业暴露,可能起到重要作用。

工程设备管理指用人单位及劳动者在使用各项硬件时,通过管理工程设备实现所有控制要点。它包括管理局部系统、监督劳动者,以及定期检查和维护控制措施等。

5.2　局部排风系统

由用人单位确认有害物气流的特性、工艺过程的要求及劳动者的需求,根据设备供应商提供的建议进行工程控制和工程设备管理;然后,根据通风工程设计,选取效果好兼顾经济性的通风设备,必要时聘请通风设计方面的专家组成设计团队,来制定有效的有毒物控制方案。根据有毒物工程控制的复杂程度选取相应的局部排风系统,分为定制化的局部排风系统和制式排风系统(又称简易局部排风系统)。

5.2.1 定制化的局部排风系统

定制化的局部排风系统对应较复杂的工程控制，需要设备供应商或者设计师综合考虑用人单位确定的有害物气流的特性、工艺过程的要求及劳动者的需求，选择符合用人单位需求且满足经济性考虑的局部排风设备，如图5.1所示。

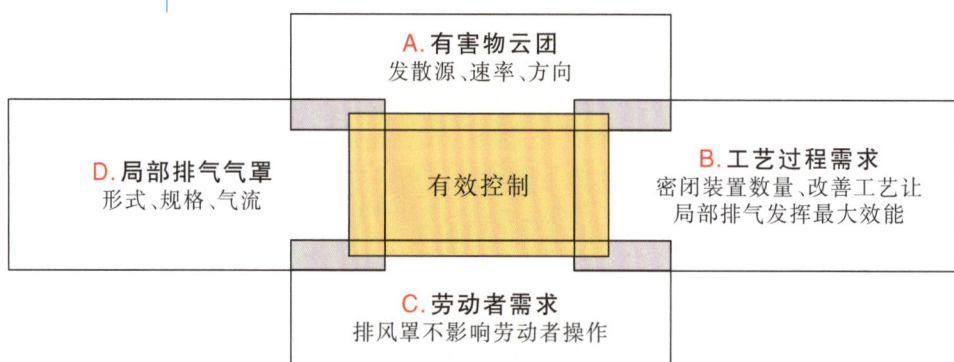

图 5.1　定制化的局部排风系统

5.2.2 制式排风系统

制式排风系统，又称简易局部排风系统。对于没有必要改变生产过程且需求明确的工程控制，用人单位可以直接指定、采购、安装及调试简易局部排风系统。

5.3 选择局部排风系统的关键

用人单位与设备供应商之间要充分沟通和合作，必要时需要聘请通风设计方面的专家组成设计团队，来拟定工程控制合同或者方案。方案或者合同要涵盖所有元素——有害物发生源、生产过程、劳动者需求及排风罩需求，如果没有覆盖这些要素，会导致局部排风系统无效、不可靠或不经济。

用人单位要按照设备供应商或者设计团队的要求尽量提供足够的资料，包括用人单位的工程控制需求和工程控制设备管理需求等。

◆ **用人单位的资料以及需求**

（1）应该描述产品的工艺流程、有毒物的危害、要控制的有害物发生源以及暴露基准（见本书附录2）；原材料和产品的重要化学及易燃性质，并提供物质安全资料表。

（2）应提供生产设备供应商的相关信息，即安装局部排风系统可能导致的生产过程变化或者间接导致的其他相关生产过程改变。

（3）借鉴同行业或者同类型用人单位的局部排风系统经验，或者参考相关专家意见。

（4）应该要求安装显示器，以显示该系统运行情况。

（5）应该要求局部排风系统可方便使用、检查、维护及清洁，并纳入其他风险考量，如方便靠近操作、避免皮肤污染，以及在清除废弃物和更换过滤材料时不使有害物逸散。

（6）应该指定供应商提供关于局部排风系统使用、检查及维修的培训。

（7）应该要求供应商提供操作手册，以描述和解释局部排风系统，以及使用、检查、维护及测试，还有各组件的性能基准及更换时间表。

（8）应该要求供应商提供工作日志，以记录局部排风系统的检查和维修结果。

（9）有害物的控制排放应符合环保法规要求，这是用人单位的责任。

5.4　局部排风系统报价

设备供应商的报价通常会分为两个阶段：由潜在供应商针对用人单位的局部排风规格报价，再由被选中的设备供应商提出更详细的说明、常见问题以及可能的解决方案（见表5.1）。

◆ **局部排风系统报价的关键**

（1）提供系统的技术图纸。

（2）说明每个有害物发生源的排风罩样式、位置、罩口风速及静压等。

（3）描述包括合同所包括的所有信息，例如所有作业时段内排风罩使用数量的最大值。

（4）描述风管的材质、尺寸、管道风速（如果有适用范围）及风量。

（5）描述局部排风系统各支管的气流达到平衡的细节。

（6）描述局部排风系统配套的空气净化装置的规格、风量，以及空气净化装置的废气出入口和内部的静压范围等。

（7）描述风机的规格、风量、废气入口，及旋转切线方向的静压等。

（8）当废气回流到工作场所时，提供空气净化装置的效率及感应器的信息。

表5.1　局部排风系统供应商碰到的常见问题及可能的解决方案

问题	可能的解决方案
用人单位的局部排风需求不明确	用人单位要依照"INDG408净化空气：购买及使用局部排风系统"的要求作简易说明
有害物气流逸散情况不明	了解有害物气流强度的特性，如排放的量、体积、形状、速率、方向及有害物的浓度。 确定所有有害物气流，包括肉眼略可见的有害物气流
局部排风系统样式的选择	依循风险管理措施《化学品的注册、评估、授权和限制》，考虑控制的方法（例如，有害物管理要点）。采用密闭罩、接受罩或外吸罩，或这些的变通样式，以达到有效控制
排风罩、风管、空气净化装置、风机及排放的要求	见第6、7章
报价单中源于用人单位规格需求的落实情况	界定需要控制的生产过程和有害物发生源。 评估有害物需要控制的量。 包含系统仪表，包括效能监视及控制的适当手段。 包含培训使用者的安排。 提供此系统的使用者操作手册及工作日志

（9）描述将安装于系统中的显示器及警示器的相关信息。

（10）提供安装所需的信息。

（11）提供关于局部排风系统使用、检查及维修的适当的培训。

（12）提供操作手册及工作日志。

5.5　局部排风系统效果

设备供应商或者设计师团队需要了解局部排风系统在每种特定情况下的性能如何,应该满足充分控制有害物气流的需求。例如,能够将暴露浓度降至 1/10 的局部排风罩,不适用于控制超出 50 倍暴露基准的有害物发生源。然而,局部排风系统有效性的信息通常不能够被完全掌握。各种样式的局部排风系统有效性的示意范围见图 5.2。

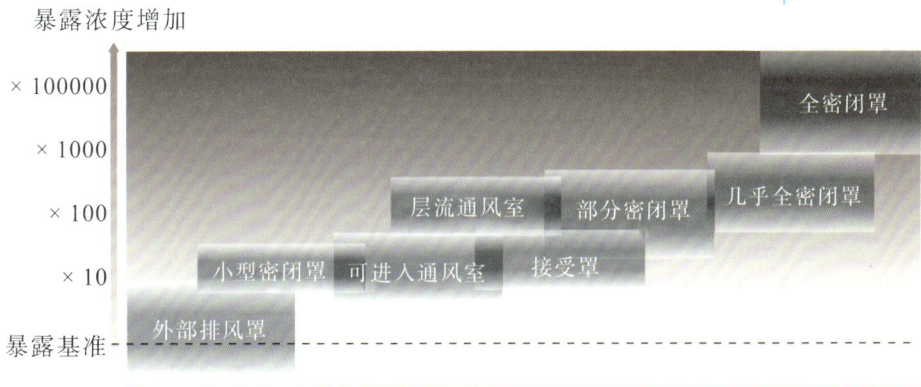

暴露浓度增加

$\times 100000$

$\times 1000$

$\times 100$

$\times 10$

全密闭罩

几乎全密闭罩

层流通风室　　部分密闭罩

小型密闭罩　可进入通风室　　接受罩

暴露基准　外部排风罩

图 5.2　各种局部排风系统的效果

5.6　有助于确定规格的其他参数

5.6.1　暴露标准值

用人单位必须从一开始就清楚哪些生产过程及有害物发生源需要设置局部排风系统,并说明局部排风系统规格的基准,即一旦控制措施到位,该岗位劳动者的实际暴露是多少。这些可能需要专家的建议。合适的接触指标应该是接触限值的几分之一。但是许多物质,包括混合物中的物质,并无暴露限值。一种解决办法是采用有害物管理要点(COSHH-essentials),同时参考技术基础。该方案采用的信息就是物质或产品上的有害物说明,并将其列在物质安全资料表。需要采取的步骤详见附录2。

5.6.2　局部排风与有害物管理要点

有害物管理要点(COSHH-essentials)是一个在线系统,有助于中小型用人单位界定其工作所需的控制水准。它采用的指标包括物质毒性、扬尘性或挥发性、工作量与时间等。局部排风系统供应商及设计师可以参考这些信息。

5.6.3　REACH

《化学品的注册、评估、授权和限制》(*Registration*, *Evaluation*, *Authorisation and restriction of Chemicals*, REACH)是欧盟有关化学品的注册、评估、授权和限制的法规。REACH的一个主要部分是要求物质的制造商或进口商在欧洲化学品管理局(European Chemicals Agency, EChA)进行注册。注册包以该物质的物质安全资料标准数据为主,所需的数据量与制造或供应的物质数量成比例,使用化学品的用人单位有责任以安全的方式使用该物质,并将该物质的风险管理措施(risk management measures, RMM)以及相关资料随供应链传导下去。

信息流通是REACH中要求的一个重要指标。使用者应该能够理解制造商和进口商所提供的内容,包括使用化学品时所涉及的风险,以及如何控制这些风险。相反地,化学品供应商也需要从使用者处取得关于如何使用该化学品的信息,以便评估使用过程中的风险。REACH就提供了一个平台,可以将信息传达到该化学品供应链的上、下游。

　　REACH 在原有的系统——物质安全资料表上采纳并收集相关信息,以传递信息。在整个供应链中,因为使用者需要确保能够安全地管理该化学品,所以物质安全资料表应随该物质提供给使用者。物质安全资料表及时提供有关物质安全处理和使用的信息。"下游使用者"(用人单位)有责任采取物质安全资料表中指定的风险管理措施。

　　关于 REACH 的进一步解释可见职业安全卫生局网站。

第6章 排风罩设计与应用

6.1 要　点

本章描述局部排风罩的选择及设计原理,用人单位和设计者要综合考虑设计合理的有害物控制方案,根据控制方案的要求,选择适合用人单位的局部排风罩,通过控制有效性来评估排风罩的选择与应用。

6.2 控制方案

排风罩的选型和设计是保证局部排风系统性能的关键。用人单位和设计者在综合工艺流程、有害物发生源、生产和劳动者的操作模式等关键因素后,制定相匹配的控制方案。

6.2.1 方案设计的主要影响因素

设备供应商和设计者在综合考虑工艺流程和有害物发生源等因素(见第4章)的情况下,通过有效的局部排风罩,阻止有害物气流的排放,尽可能将含有害物的空气与劳动者的呼吸带隔离,并尽可能提高有害物发生源的密闭化程度。如果确实需要改变工艺流程,以便更加有效且实用地控制有害物的暴露,用人单位、设备供应商以及设计者可以一起探讨控制方案(参见图5.1)。

某些行业对部分标准化的工艺流程有局部排风"标准设计"要求。然而,其中有些也是无效的。例如,安装在工作台上的风扇和滤材,通常用于控制焊接烟气。

工程控制方案设计的主要影响因素如下:

（1）有害物气流如何从有害物发生源逸散。

（2）有害物气流规模、速率及方向。

（3）局部排风引起的气流，及其对有害物气流和其他工艺的影响。

（4）排风罩大小和形状对捕集与包围有害物气流的影响。

（5）工作场所气流对局部排风效果的影响。

（6）劳动者（工艺流程劳动者）的位置及含有害物的空气流经呼吸带的位置。

6.2.2 例外情形

用人单位应评估是否有可能消除有害物发生源，或减小其规模。未设计工程控制方案就随意设置局部排风系统是不可取的。有害物气流的污染物浓度、规模及逸散速率，可能超出局部排风系统的处理能力。因此，采用局部排风并不能够完全符合实际需求，用人单位需要系统考虑其他可行性方案，例如隔离或密闭。局部排风系统也难以控制的有害物产生源包括：

（1）有害物发生源非常大。

（2）有许多小型有害物发生源。

（3）会移动的有害物发生源。

6.3 选择正确的排风罩形式

当局部排风系统有效地开展工作时，排风罩可包围、接受或捕集空气中的有害物气流。局部排风的有效性可以用下列方式来判断。

（1）排风罩如何制约有害物气流。

（2）局部排风系统产生的气流如何将有害物气流带入系统中。

（3）进入工艺流程劳动者呼吸带的有害物气流少到什么程度。

6.3.1　控制有效性

成功的局部排风系统利用排风罩包围、接受或捕集有害物气流，并将其排除；有害物发生源被包围的程度越高，其逸散的控制就能越成功；每个排风罩都应该设置气流监测装置，如压力计。局部排风罩的效率和有效性会因气流分流、涡流及空气紊流而降低（见图6.1）。

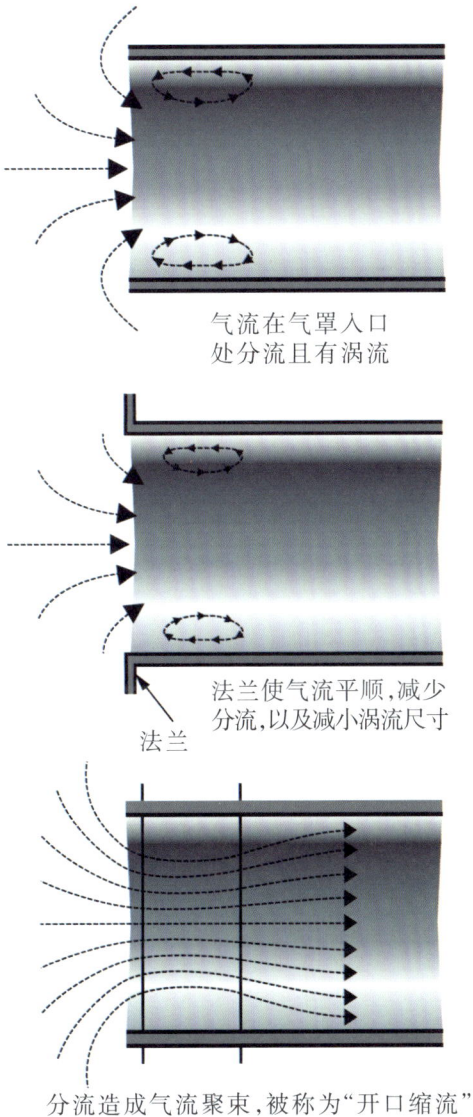

气流在气罩入口
处分流且有涡流

法兰使气流平顺，减少
分流，以及减小涡流尺寸

法兰

分流造成气流聚束，被称为"开口缩流"

图6.1　气流进入排风罩的情形

6.3.2　气流分流、涡流及紊流

气流进入排风罩处会导致气流分流，在排风罩入口内产生回流或移动的涡流，排风罩内则会产生紊流（见图6.1）。气流分流造成聚束，被称为"开口缩流"。一般来说，气流分流越大，开口缩流越显著，排风罩效率就越低。此外，对较大的局部排风罩，气流分流越大，滚动涡流就越大，排风罩控制的有效性就越低。

6.3.3　侧　风

排风罩需要控制最低罩口风速以抑制侧风，或捕集、包围有害物防止其逸散。在工作场所，侧风风速一般可以达到0.3m/s。因此，为了有效抑制侧风的影响，排风罩罩口风速需要大于0.4m/s。通常，侧风对外吸罩影响较大。侧风可以通过观察来评估，如使用发烟管或者风速计。侧风导致排风罩控制效率降低的原因有很多，包括：

（1）来自附近其他工艺流程的紊流。

（2）多风天气的自然效果。

（3）降温风扇打开。

（4）大门和窗户打开。

（5）车辆行驶。

（6）劳动者在周围走动。

（7）新风系统设计不良。

6.3.4　排风检测仪器

用人单位需要对排风罩进行测定，以确保局部排风系统能持续正常工作。当劳动者不得不调整风阀以获得足够气流时，气流显示器就显得至关重要。检测仪器必须简单、清楚地显示风量是否足够。最简单的检测仪器通常是压差计（见第8章"安装与调试"）。

6.4　局部排风罩的分类

　　排风罩有各种各样的形状、大小和外观设计。有害物气流的控制方式分为三种(见图6.2)。根据局部排风罩控制有害物气流的方式,相应分为密闭罩(见图6.3)、接受罩(见图6.4)和外吸罩(见图6.5)。这种分类方法适用于大多数情况,但是根据实际情况也可采用上述三种方法的混合模式。只有当局部排风罩不适合上述分类时,供应商/设计技师才需要从第一原则来考虑设计。

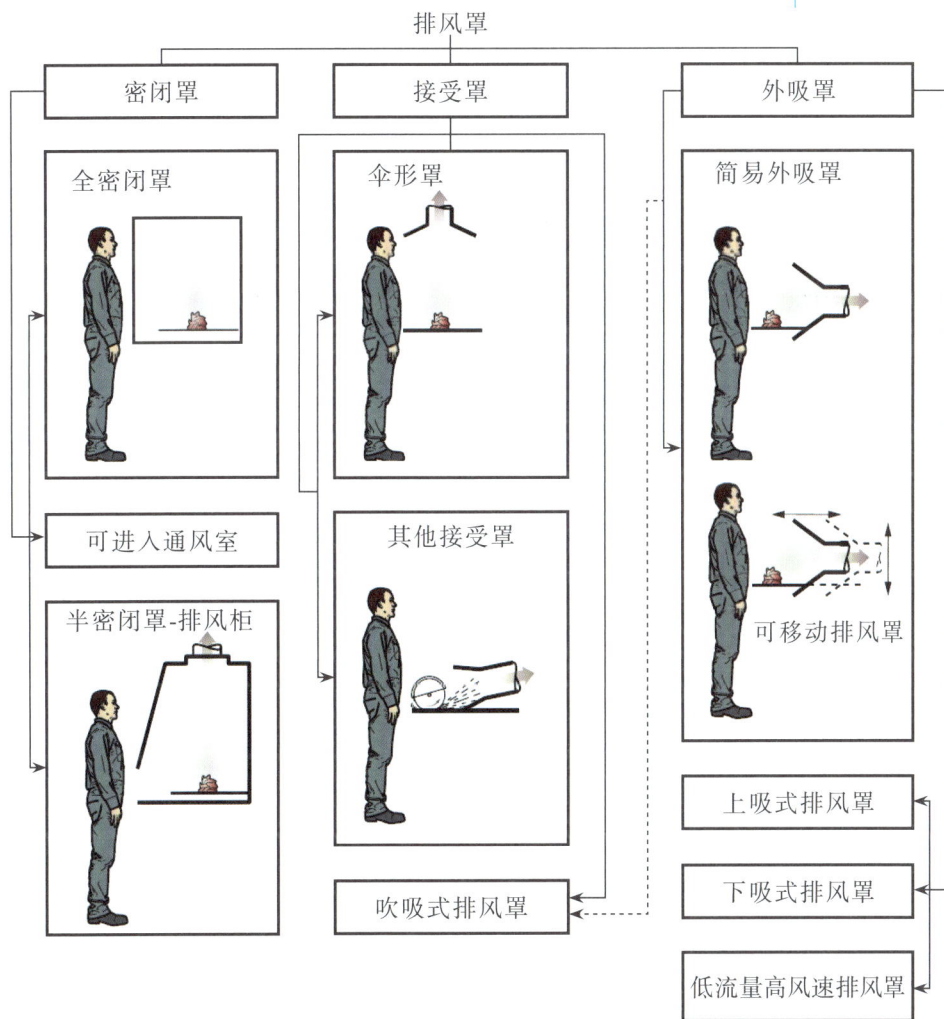

图 6.2　局部排风罩分类

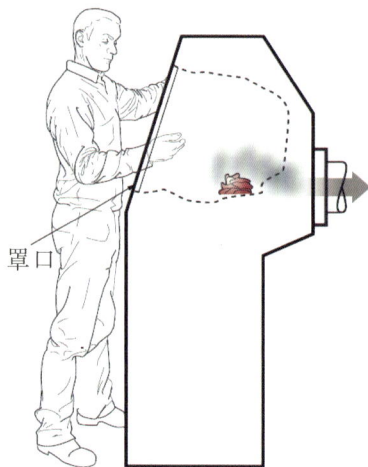

图 6.3　密闭罩

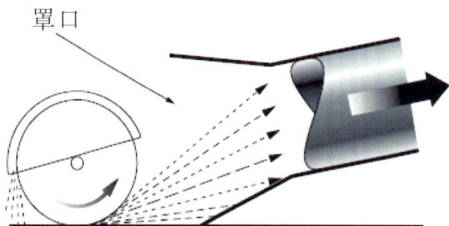

图 6.4　接受罩

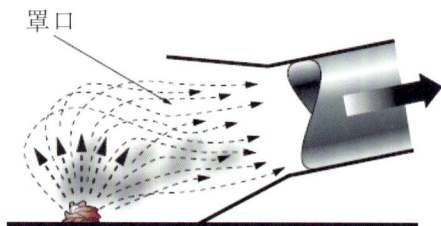

图 6.5　外吸罩

6.4.1　密闭罩

密闭罩比外吸罩和接受罩更有效。密闭罩系指工艺流程是完全封闭的,如手套箱。房间包围型或包围型房间系指劳动者和工艺流程一起被包围,如研磨喷砂房或喷漆舱。密闭罩也可被称为层流室或通风室。部分包围型将工艺流程包围,但留有开口,让原材料或劳动者可方便进出,例如可走入式通风室、化学排风柜。

6.4.2　接受罩

工艺装置通常在排风罩的外部。排风罩接收具有速率和方向的有害物气流,此速率及方向通常是由工艺流程产生的。排风罩可以是固定或可移动的。在热工艺流程上方的悬吊式排风罩是一种典型的接受型排风罩,而吹吸型换气装置则是一种特殊类型的接受型排风罩。

6.4.3　外吸罩

外吸罩是最常见的局部排风罩类型,有时被称为捕集排风罩。工艺流程、有害物发生源及有害物气流都在排风罩外。外吸罩要在有害物发生源所在处及其周围产生足够的气流,以便捕集和抽吸充满有害物的空气。他们都利用同一个原理在运行,但大小范围从几毫米(吸风管集成至手握工具上)到几米长(大型工业工艺流程)。排风罩可以是固定或可移动的,例如上吸式或侧边吸引式排风罩(槽边排风)、下吸式排风罩工作台,以及低风量高风速排风系统等。

6.5　基本原理

6.5.1　局部排风罩的设计与应用基本原理

(1)让工艺流程和有害物发生源的包围范围最大化,使局部排风更为有效(见图6.5)。

(2)对外吸罩及接受罩而言,确保排风罩越接近工艺流程和有害物发生源越好。

(3)调整排风罩位置,以利用有害物发生源产生气流的速率和方向。

(4)使排风罩的大小能符合工艺流程及有害物气流的大小。

(5)尽量将有害物气流与劳动者的呼吸带隔离。

(6)尽量减少排风罩内的气体涡流。

(7)在设计局部排风罩时,采用人体工效学原理,确保其符合劳动者的实际操作方式。

(8)对选择的局部排风装置进行试用,做出原型并获得劳动者的反馈意见。

(9)采用观察法,取得良好控制措施的信息以及简单方法,例如使用发烟管或粉尘探灯,以评估暴露控制的有效性；必要时进行检测，如空气采样。

（10）局部排风控制的有效性要与潜在的过度暴露程度相匹配，基于以下两点：①暴露如何发生；②不同排风罩形态及设计能力。

6.5.2　排风罩密闭程度

增加排风罩的密闭程度，可以提高捕集的效率，减小要达到设定的控制工艺流程度所需的风量，以及降低运行成本（见图6.6）。

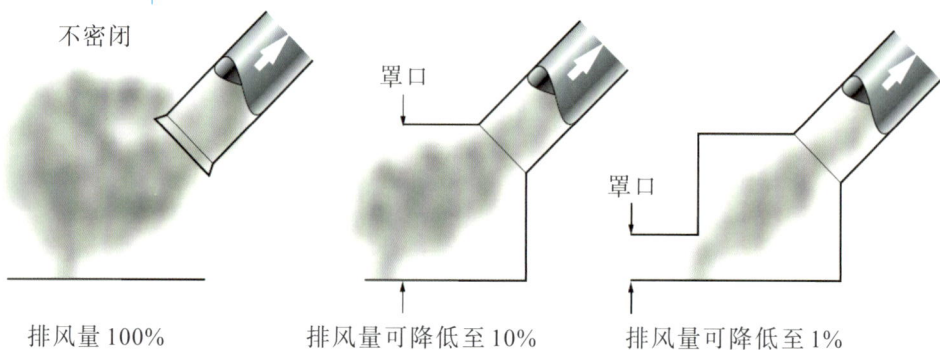

图6.6　密闭程度最大化以提升有效性及效能

6.6　局部排风罩设计原则

局部排风罩根据有害物气流的控制方式，分为密闭罩、接受罩和外吸罩。其中，密闭罩分为全密闭罩、隔离房和小型排风柜等；接受罩分为伞形罩、吹吸式排风罩等；外吸罩由于具有经济性和易于安装等优点而被广泛使用，但其对有害物气流的控制效果明显低于前两种，因此在使用时要重点关注其控制点风速，以达到工程控制的目的。

6.6.1　密闭罩设计原则

密闭罩是指工艺流程及有害物发生源都在排风罩内，不管它们体积有多大。密闭型的例子包括手套箱、隔离箱或反应器等。密闭并不一定意味着完全隔离,需要一些配套措施,例如允许空气被吸入、处理材料、取样或更换滤材等。

6.6.1.1　全密闭罩

全密闭罩就像一个储物间。良好的设计要确保工艺流程所造成的压力干扰并不会导致有害物喷溅到排风罩外。全密闭罩内部压力必须始终低于罩外。全密闭罩应该足够大,以维持负压并包围任何突然逸散的有害物。设计原则见表6.1。

表 6.1　全密闭罩设计原则

设计内容	设计要求
密闭罩	·预测有害物发生源的最大体积,使密闭罩足够大,以容得下有害物气流。 ·使密闭罩大到足以维持负压,且能容纳任何突然逸散的有害物。 ·减少有害物对密闭罩内部的撞击,并确保有害物气流远离开口或者入口。 ·减小密闭罩的缝隙。 ·强化铰链、密封及固定装置。 ·规划进风口和滤材的大小。 ·密闭罩正压时及时报警
风量	·密闭罩的风量要大于有害物发生源的最大体积流量。压差应大到足以抽取通过密闭罩缝隙或入口滤材的空气,并尽量减少含有害物的空气的泄漏
适用性	·设计的全密闭罩应可供个头大小不一的劳动者在里面长期工作(可进入通风室)。 ·应该要舒适且实用,例如密闭罩内部的照明(也可来自外部),透明的观察窗。 ·将工艺流程仪表设置在密闭罩外面。 ·提供可视化的操作界面以及容易操作的控制键。 ·便于管理者与作业劳动者联络沟通。 ·设计清理所需时间,要等清理结束后,密闭罩的互锁功能才会解除

6.6.1.2　隔离房

隔离房内有劳动者及工艺设备,且完全封闭。常用的样式例如排风柜、工作房,并可能以内部工艺流程来命名,如喷砂房、喷漆房、隔离室或无尘室等。这种隔离房大多已商业化,可以在市场上购买到。这些隔离房的主要目标有:①包围有害物气流,以防止其他员工暴露;②减少工艺流程劳动者(员工)的暴露;③排放清洁的空气到大气中。

根据上述要求,隔离房的设计原则见表6.2。

表 6.2　隔离房设计原则

设计内容	设计要求
密闭装置	·保持负压,以确保有缝隙的气流是向内的。 ·针对特定工艺流程,使用适当的耐用材料(如铰链、密封及固定物件等)来设计,以获得控制有害物逸散的最佳效果。 ·规划空气的输入、排出及隔离房内的气体流动,以减少涡流和缩短清洁所需的时间。 ·减少大型涡流,例如使用空气喷枪。 ·设计通风要持续运转,直到完成清洁工作(吹扫时间)。 ·当隔离房内气压大于室外(正压)时,能及时发出警报。 ·在可行的情况下,安装连锁装置以便能在正压的情况下中止涂布等工艺流程
气流	·设计使气流平顺地进出隔离房,并预期效能的下降,例如出口过滤材料堵塞。 ·设计符合风量规格。 ·考虑到正常使用时的典型障碍物
可使用性	·为穿着呼吸防护具的劳动者使用而设计。 ·提供快速接头插座,以供应长管送风呼吸器(long-tube air supply respirator, SAR)。 ·包括可见的仪表以显示隔离房压力,以及声响报警装置。最低要求是包括可显示隔离房压力的压差计。 ·仪表安装在密闭装置外面。 ·按照良好的人体工程学原理设计以及可安全地使用,例如检维修、高空作业、物料处理等。 ·提供观察窗及包围体内的照明。 ·明确隔离房清洁所需的时间,并向劳动者及主管解释清洁所需时间的重要性及意义

1.隔离房通风方式

在大多隔离房中,气流会引起大尺度涡流。因此,隔离房的设计应尽量使用上送下排"活塞"式排风或单向顺畅气流,向内与向外的气流应达到平衡,以产生比隔离房外略低的压力。在隔离房内的劳动者往往需要有效的呼吸防护用品。如有必要,隔离房内应提供长管送风呼吸器(SAR),并供应干净的空气,例如在房内人员通道门口附近设置送风长管插头。

隔离房的通风方式包括:

(1)上送下排(下沉气流或垂直气流):干净的空气经由覆盖或近乎覆盖整个天花板的过滤材料进入隔离房内,最后经由地板排出,如图6.7所示。

(2)横流(横向气流或水平气流):干净的空气经由覆盖部分墙面的滤材进入隔离房内,最后经由对面墙上的滤材或地板排出,如图6.8所示。

(3)前两种形式混合使用。

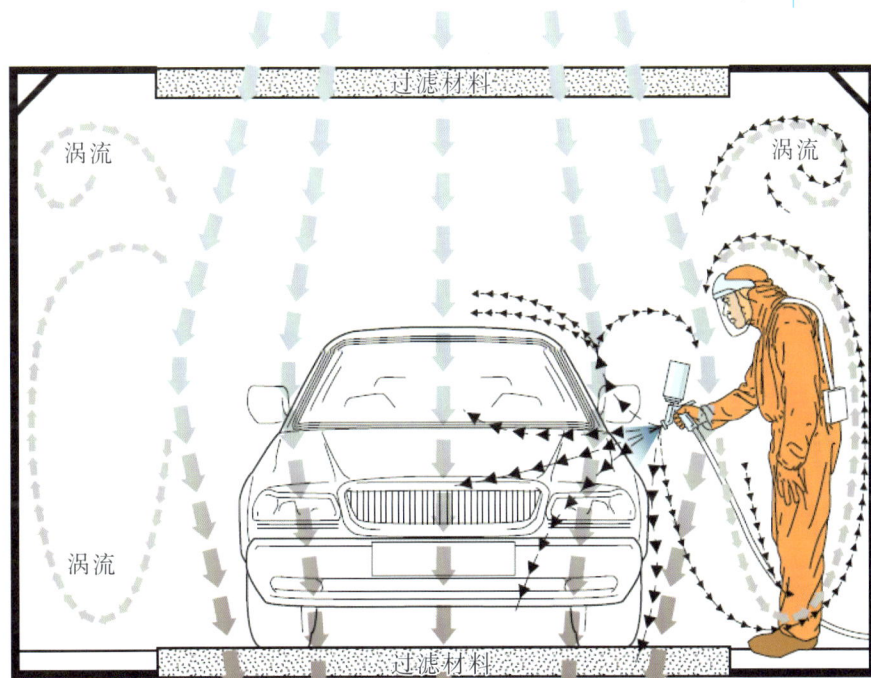

图 6.7 喷漆室或隔离房

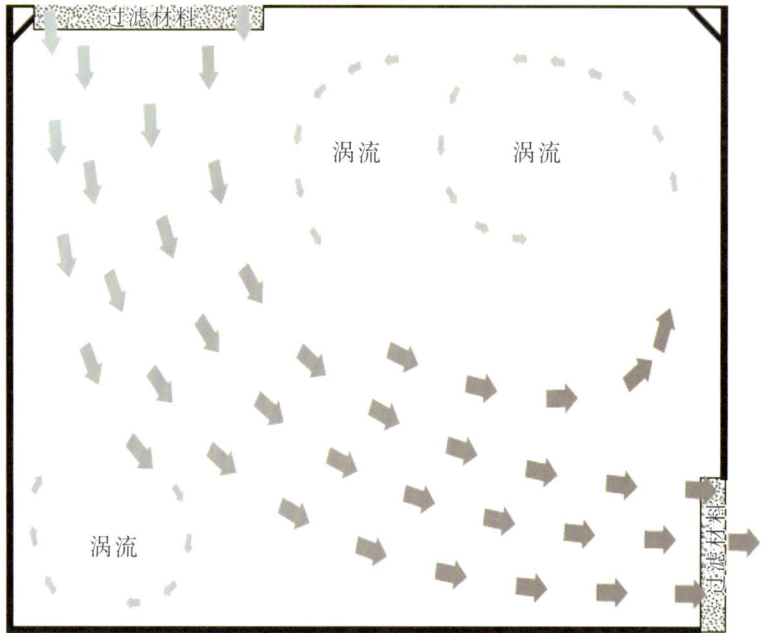

图 6.8　横流房

2.隔离房的终末净化

隔离房的终末净化时间,是指关闭有害物发生源后,直到室内空气适合呼吸时所需的时间。由于隔离房具有密闭性,导致涡流更持久,所以有害物被净化所需的时间也就越长,工艺流程劳动者的暴露就越大。因此,隔离房的设计要求应包括:

(1)应尽量缩短净化所需的时间。

(2)隔离房内的排气设备运行时间至少应大于净化所需的时间。

(3)使用隔离房的劳动者应该了解安全地出入隔离房的作业规范,必要时应在隔离房设置入口门厅。

(4)局部排风调试专员需要建立或确认净化所需的时间(见第8章)。该时间必须显示在显眼位置,并应该告知相关劳动者。

6.6.1.3 半密闭罩

半密闭罩是对有害物气流控制采取全密闭与可接近的一种折衷方案,典型的半密闭罩为走入式排风柜和小型排风柜。在半密闭罩中,有害物发生源与劳动者之间并未完全隔离,但控制非常有效。在部分半密闭罩中,劳动者在被污染的空气中作业时需要辅以呼吸防护具。

与外吸罩相较,半密闭罩可以更有效地控制暴露,同时可能需要更大的风量(取代或补充空气需要参见第7章)。与外吸罩相比,半密闭罩有如下优点。

(1)更有效地控制暴露。

(2)物理性地包围四壁及顶部可以减小有效控制所需的风量。

(3)有害物发生源要不受气流影响。

(4)有害物发生源(有时是完整的工艺流程)在排风罩内而不需捕集。

(5)气流稀释并置换有害物气流。

在设计半密闭罩时,设计师需要了解工艺流程信息,以便明确供半密闭罩使用的排风罩的尺寸、开口的大小及形状、移动组件或材料的工艺流程安排,例如起重机吊挂、输送机、清洁等各项内容。半密闭罩设计原则见表6.3。

表6.3 半密闭罩设计原则

设计内容	设计要求
包围体	·污染源特性:大小、有害物气流体积、流量及其风速。 ·包围体够大且够深,以包围有害物发生源及有害物气流。 ·设计让劳动者的暴露降到最低。 ·设计排风罩入口,以产生均匀的气流。 ·消除尾流效应,例如利用下吸式、侧吸式或劳动者侧对气流。 ·减轻尾流效应,例如让有害物发生源远离劳动者,在有害物发生源与劳动者的呼吸带之间设置透明屏障,或使用局部空气置换。 ·最大限度地减少排风罩内的障碍物,特别是靠近入口处的。 ·设置在受外部侧风影响最小的地方。 ·如果可行,要尽可能减小排风罩开口面积,例如化学通风柜的移门

续表

设计内容	设计要求
气流	·设计足以捕获有害物气流的控制风速,最小值为 0.4m/s,除非证明更小的控制风速是有效的。 ·选择能够在现实最坏的情况下捕获有害物气流的风量。 ·定位工艺流程及操作区域,以引导有害物气流进入排风罩内。 ·设计包围体以便在排风罩开口面及内部产生均匀的气流。 ·预期任何效能下降的情况,例如过滤材料堵塞。 ·设计以减少涡流的形成
实用性	·按照人体工程学原理,设计好的包围体以及操作方法,例如可方便接近及处理物料。 ·与劳动者及主管交流,研究其工作方法并重新设计。准备好设计的原有模型。 ·推荐有助于工作的夹具及工具。 ·提供的气流是否有监测显示器,例如将压差计设置在排风罩风管上,以测量及显示静压。 ·如果劳动者需要,设计应能使用呼吸防护用品。 ·在包围体内设置照明

1.典型设计

有些半密闭罩大到足以让劳动者进去工作,这种通常被称为走入式排风柜(参见图6.9);小型排风柜外的劳动者可能与有害物发生源有一臂之遥,有时在有害物发生源与呼吸带之间有隔离,化学排风柜一般即属此类(参见图6.10)。

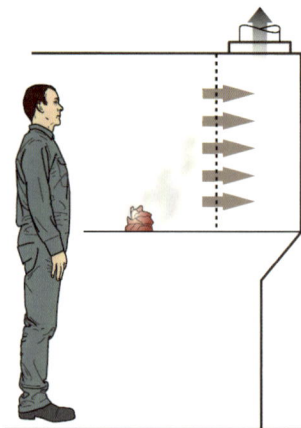

图6.9　走入式排风柜　　图6.10　小型排风柜

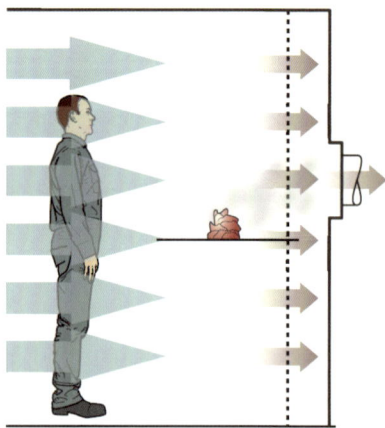

2.半密闭罩的工作位置

部分排风柜可留住有害物气流,向内气流通过半密闭罩的开口时,把有害物气流吹到排风罩处。当有害物污染源或工艺流程中产生的有害物朝一个固定的方向高速移动时,排风柜应该有一个夹具或转盘以规范操作流程,从而防止劳动者影响气流方向而导致部分有害物气流从排风柜内部流出,同时应注明正确的工作位置(见图6.11)。

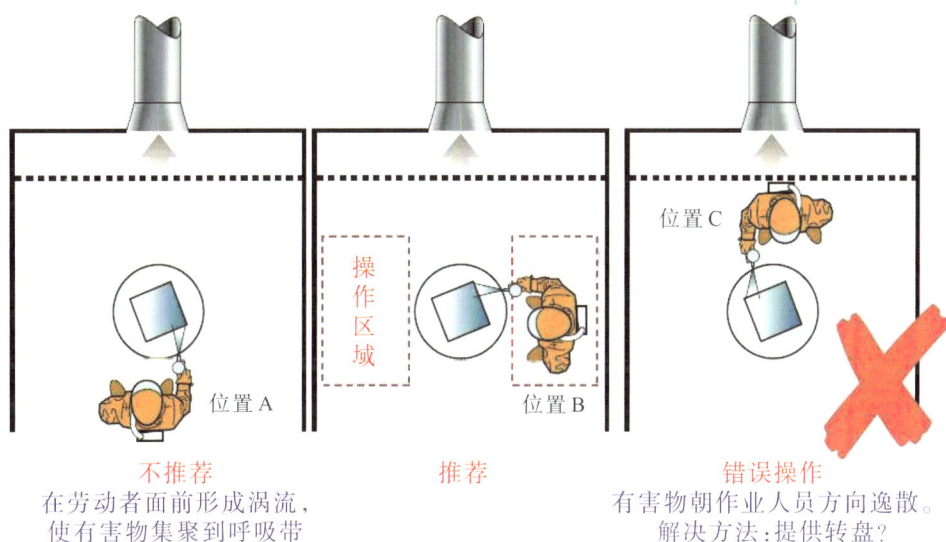

不推荐
在劳动者面前形成涡流,使有害物集聚到呼吸带

推荐

错误操作
有害物朝作业人员方向逸散。
解决方法:提供转盘?

图6.11　走入式排风柜作业区域示意

3.尾流效应

劳动者位于排风柜排风罩开口面前时,对于气流而言,就是障碍物。这种障碍物产生的紊流,即缓慢流动的空气出现在劳动者面前,被称为"尾流"(见图6.12)。

有透明罩的排风柜见图6.13。

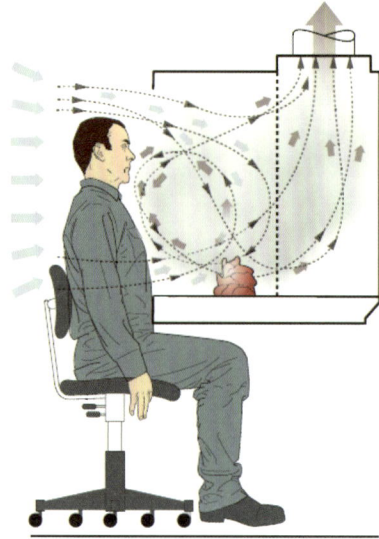

图 6.12　排风柜太浅，有害物可能因为尾流、涡流而逸散

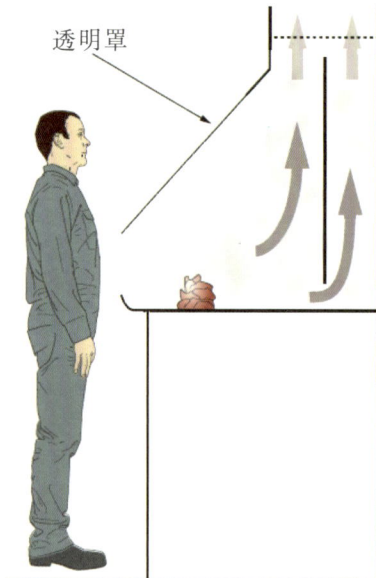

透明罩

图 6.13　有透明罩的排风柜

　　滞留在尾流中的污染物在被吸入罩内前，可能流入劳动者呼吸带。污染物的多少取决于排风罩开口大小，劳动者与有害物发生源的相对位置。尾流效应影响最大的情况，通常是排风柜较小、劳动者工作面靠近罩面并接近污染源（参见图 6.14）。在这种情况下，排风柜入口处的气流分流和回流会促使将受污染的空气带回尾流并进入劳动者的呼吸带。较好的解决方案是尽可能将污染源放置在排风柜深处并远离劳动者,以减少尾流效应的产生(见图6.15)。减少尾流效应的其他方法见图6.16和图6.17。

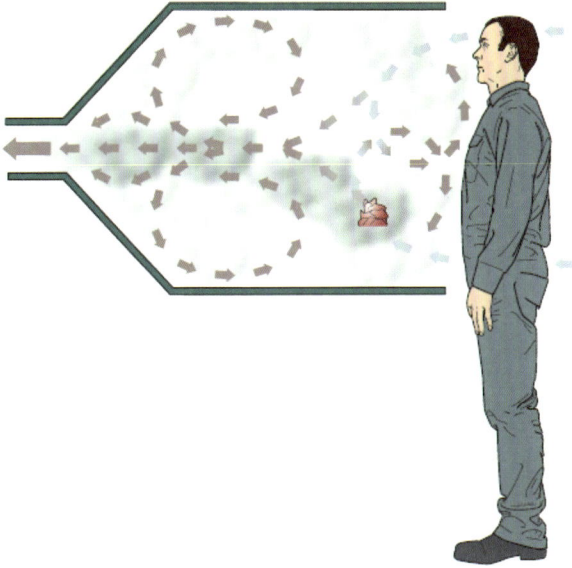

图 6.14 污染源过于靠近劳动者

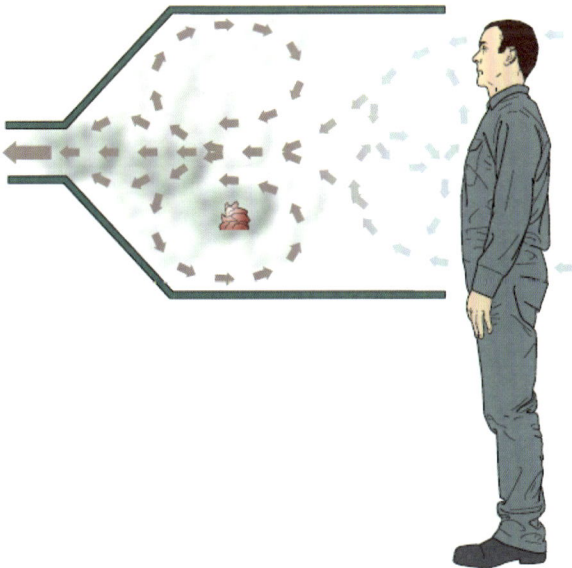

图 6.15 污染源远离劳动者以及罩面

气室

气室

图 6.16　下吸式排风柜减少尾流

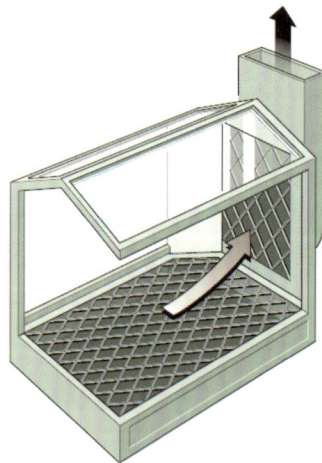

物理隔离污染源与劳动者呼吸带,侧吸式排风罩可以减少劳动者面前的尾流

图 6.17　侧吸式排风罩减少尾流

6.6.2　接受罩设计原则

所有接受罩都以相同的原理运行,即:

(1)工艺过程发生在排风罩外。

(2)有害物气流借由工艺过程产生的气流进入排风罩内。

（3）排风罩,特别是排风罩周口,要大到足以接收有害物气流。

（4）排气速率至少要与排风罩被污染空气填满的速率相当。

接受罩的设计原则如表6.4所示。

表6.4　接受罩设计原则

设计内容	设计要求
位置	·设计工艺流程,使有害物气流流入排风罩。 ·避免或抑制侧风,尤其针对高温且流动速度较低的废气。 ·将排风罩尽量靠近有害物发生源。 ·排风罩可以被纳为机械保护罩吗? 例如半密闭罩
排风罩	·提供面积够大、形状适宜的排风罩,以容纳最大流量的有害物气流。 ·评估有害物气流的变化,和实际上最坏情况下的气流量,且不仅是用正常照明下可见的气流。让气流可见,可利用丁达尔光束(粉尘探灯)或发烟管。 ·对于没有固定方向的空气流动或热升降气流的有害物发生源,接受罩不适合作为控制方法。 ·如果劳动者会暴露于有害物气流,就应选择不同的局部排风罩设计,例如改用部分包围型排风罩,或设计工作区域以方便使用呼吸防护用品等
气流	·设计排风风量,能在排风罩充满有害物气流时以最快的速度清空排风罩,借此抑制并抽走最坏情况下的有害物气流 ·在排风罩风管上提供压差计等气流显示器,以测量及显示静压。
实用性	·按照人体工程学原理,设计排风罩及操作方法。 ·与工艺流程劳动者及主管保持沟通

6.6.2.1　伞形罩

伞形罩是一种常见的接受罩,它设置在热工艺流程的上方,以接收废气。重要的是将此上升废气与劳动者呼吸带隔开。对于没有热气流上升的冷工艺流程,伞形罩就无效了。对于需要在热工艺流程正上方作业的劳动者而言,由于含污染物的气流经过劳动者呼吸带,所以伞形罩无法保护劳动者(见图6.18)。

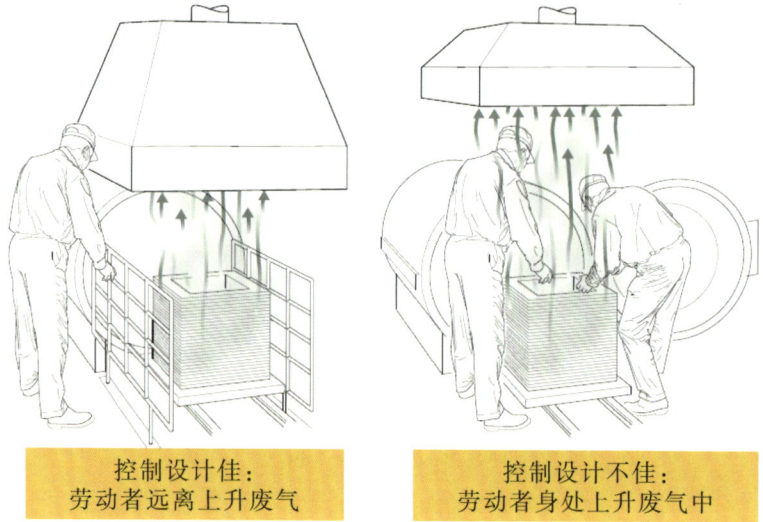

| 控制设计佳：
劳动者远离上升废气 | 控制设计不佳：
劳动者身处上升废气中 |

图6.18　热源上方的伞形罩

　　排风罩要接收逸散的有害物气流,其位置应该离工艺流程越近越好,以便在有害物气流尚未与外部空气混合逸散前就吸走有害物气流,而且可减少侧风的影响,正如部分半密闭罩。

　　根据排风罩的设计经验,排风罩的排气流量应该是废气上升到罩口时的体积流量的1.2倍。排风罩凸缘超出有害物发生源四周的宽度,应该是排风罩与有害物发生源距离的40%。

6.6.2.2　其他接受罩

　　一旦工艺流程产生明确可预测方向的有害物气流,就可采用接受罩,例如打磨器等具有旋转盘的设备,砂轮会像风扇一样吹出有害物,此时保护罩就像风扇包围体,可引导喷射气流主要往砂轮旋转的方向(见图6.19)。接收罩必须足够大且足够靠近,以拦截有害物气流(不可见的)和快速移动的大颗粒喷射流(可见的)。

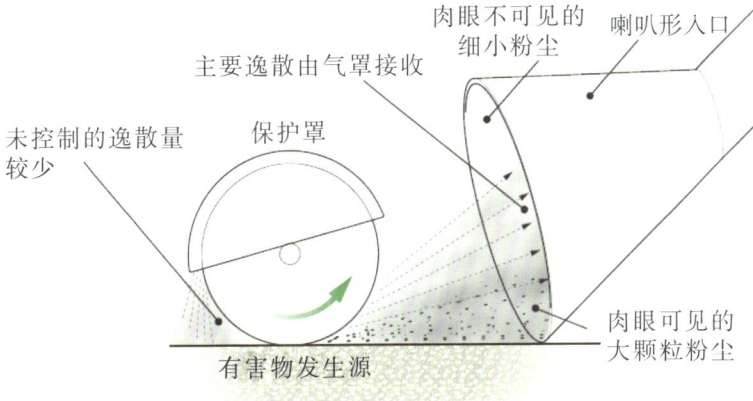

图 6.19　砂轮与接受罩

6.6.2.3　吹吸式排风罩

　　吹吸式排风罩由吹气装置和吸气罩组成,吹气口喷射出空气,将风速很低或静止的含有害物空气吹向吸排风罩。本质上是通过动力送风将外吸罩转换成接受罩(见图6.20)。因此,当有侧风或工艺流程组件让吹气气流转向等情况时,吹吸式排风罩是不适用的。

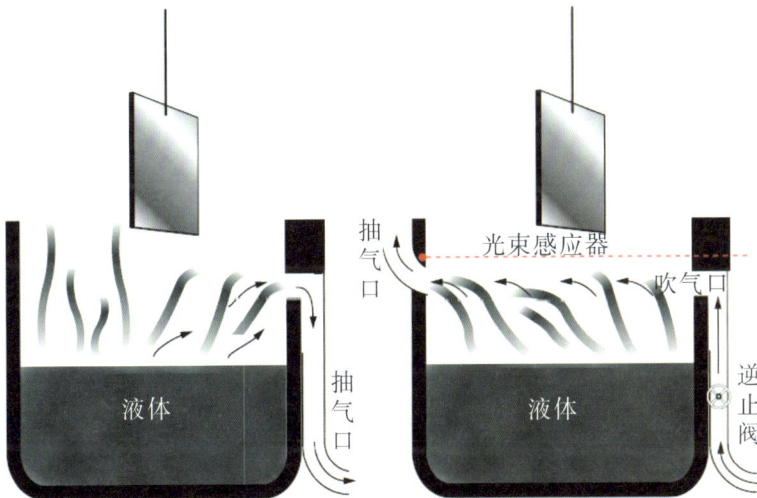

槽体太宽致使槽边排风罩失效(左图),吹吸式排风罩则有效(右图),气流经过右侧条缝吹出,流经液体表面,到达抽气口,带走液体逸散的有害物。

图 6.20　吹吸式排风罩应用于液面开放的槽体

吹吸式排风罩的设计应满足下列要求：

（1）大到足以拦截整个有害物气流。

（2）位于吹气口喷出气流的方向上。

（3）风量大到能在排风罩内充满有害物气流时，以最快的速度清空该排风罩。

吹吸式排风罩适用于下列情形：

（1）包围型或伞形罩会阻碍接近或干扰工艺流程时。

（2）劳动者需要在会逸散有害物气流的工艺流程上方工作时。

（3）槽体过大，导致槽边排风罩无法控制含蒸气或雾滴的有害物气流时。

结合上述要求，吹吸式排风罩的设计原则见表6.5。

表6.5　吹吸式排风罩设计原则

设计内容	设计要求
位置	·设计工作流程及吹气气流，使污染物气流可预期地流向吹吸式排风罩。 ·避免或抑制侧风。 ·在干燥物件（槽体浸渍）时考虑控制蒸气
吹气气流	·设计吹出的空气及有害物气流能准确地朝向吸风罩。 ·用发烟法或其他检查方法，以检查"吹气"气流风速大小、方向及流量。 ·当有物件阻碍吹吸式排风罩时，能提供互锁功能以关闭吹气口
吹吸式排风罩	·位置尽可能靠近有害物发生源及吹气口，并确保它大到足以接收有害物气流。 ·最大限度地包围有害物发生源
吸气气流	·设计能在吹吸式排风罩充满有害物气流时，以最快的速度清空排风罩。 ·吸气气流的体积流量必须超过吹气气流的体积流量
实用性	·在吹气口设置压差计等气流显示器以显示吹气风速是否合适，并在排风罩风管上设置压差计以测量和显示静压

对于大件物品从槽体底部进入并在槽体内部向上升起时，设计者应考虑下述情形：

（1）当工件在槽体中上升或下降时，有互锁装置（含光束感应器）来关闭吹气喷流。否则，含有害物的吹气喷流被工件改变方向而进入工作场所空气中。

（2）物件可能被溶剂浸润而产生蒸气时，需有控制方法，如槽体干弦或干式排风罩。

以苯乙烯树脂生产强化玻璃纤维的涂覆作业为例，对于这类面积大、挥发性低的有害物发生源，吹吸式排风罩可以为开放液面槽的有害物控制提供合适的解决方案。

6.6.3　外吸罩设计原则

工艺流程、有害物发生源及有害物气流都在外吸罩的外面，这样就必须在有害物发生源及其周围产生足够的气流，以便触及、捕集及抽取含有害物的空气。外吸罩也被称为捕捉型、外加型或捕集型排风罩，典型设计包括槽边排风和通风台。外吸罩适用于工艺流程不能被包围，或有害物气流没有强大且稳定的速率和方向的情况。外吸罩的设计原则见表6.6。

表 6.6　外吸罩的设计原则

设计内容	设计要求
位置	·外吸罩位置尽可能靠近有害物发生源，距离通常小于排风罩直径的2倍（OSHA要求是直径的1.5倍）。 ·有效控制区应足够大，以便其可以涵盖整个作业区。 ·有效控制区应标识于工作区域，最好在排风罩上也标识。 ·避免或抑制侧风。 ·可考虑制作模型
排风罩	·排风罩形状应与有害物发生源和有害物气流相似。 ·可能的话，加设法兰或采用喇叭形排风罩
风量	·能够产生足够大的有效控制区
实用性	·界定并标识出有效控制区。 ·设计可移动、可调整式排风罩，或可移动式工作区域，以使作业区维持在有效控制区内；如果无法实现，改用其他排风罩。 ·设置气流可视化显示器，例如在风罩风管上设置压差计。 ·按照人体工程学原理，设计排风罩及操作方法
侧风	·将排风罩尽可能地靠近有害物发生源，例如采用密闭性更好的排风罩，增加排风量，以抑制侧风

6.6.3.1 外吸罩的形式

（1）有或没有凸缘，或有喇叭形的入口。

（2）自由悬吊，或靠近有害物发生源表面。

（3）固定式、可移动式或接在移动式抽取元件上。

（4）小型或大型，直径可从几厘米到超过 0.5 米，长度可达数米。

（5）设置在工艺流程上或植入设备中，例如手持式工具（见图 6.21）。

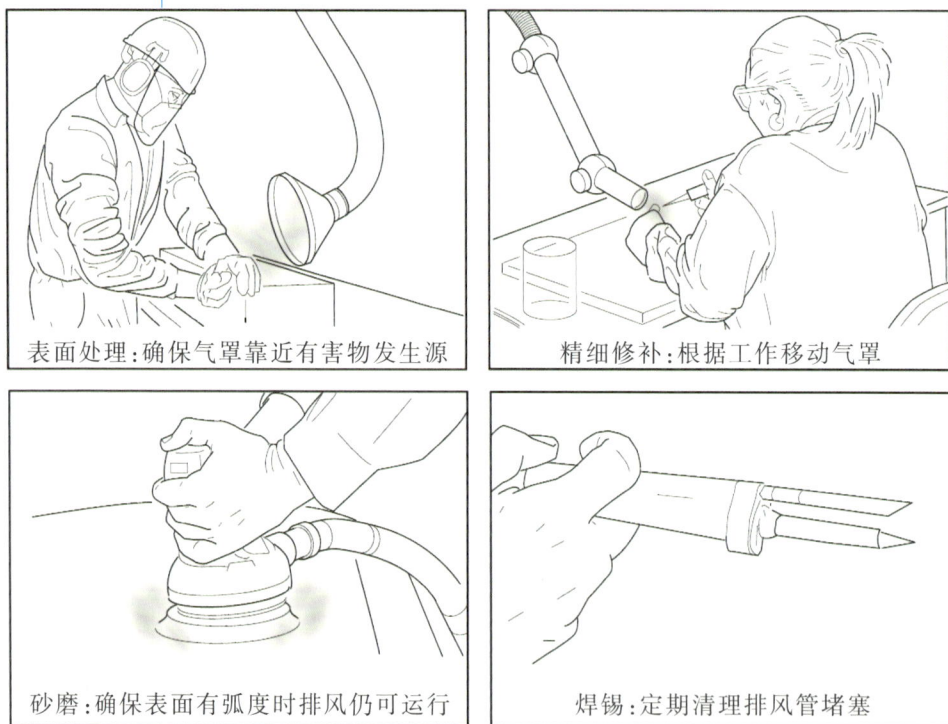

表面处理:确保气罩靠近有害物发生源	精细修补:根据工作移动气罩
砂磨:确保表面有弧度时排风仍可运行	焊锡:定期清理排风管堵塞

图 6.21　外吸罩举例

6.6.3.2 外吸罩的优缺点

外吸罩一般有现货供应商，易安装组合，更重要的是相对于密闭罩和接受罩，外吸罩不会干扰工艺流程。但是，对于绝大多数需要控制的有害物发生源，外吸罩的有效性要比设计预期低很多，其原因一般有如下几个方面。

（1）有效控制区常太小。

（2）有效控制区会被侧风扰乱。

（3）有效控制区并未涵盖作业区。

（4）工作过程会把作业区移出有效控制区。

（5）捕集有效性会被高估。

（6）缺乏有效控制区大小的信息。

上述所有不利因素在设计时都有解决方案，但最佳的解决办法可能是选择或开发其他类型的局部排风罩，使排风罩对有害物发生源的包围度更大。因此，对于供应商和用人单位而言，充分地理解"捕集"的主要特征尤为重要（见图 6.22）。

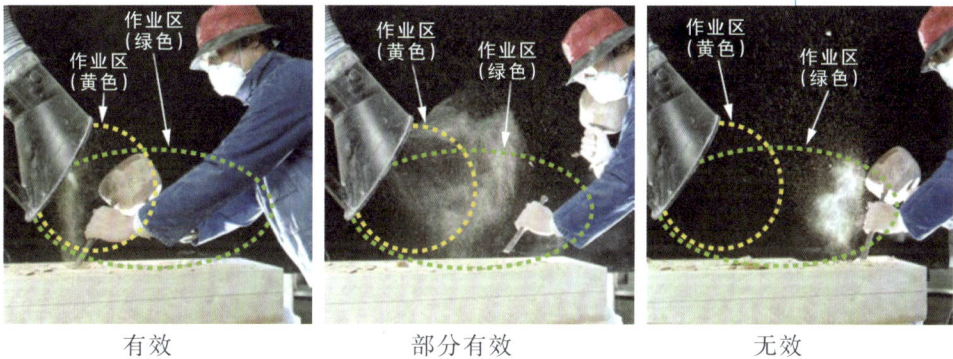

| 有效 | 部分有效 | 无效 |

图 6.22 外吸罩控制区与工作区

6.6.3.3 外吸罩的设计关键

1.有效控制区、作业区及呼吸带

外吸罩的有效控制区是排风罩前方的空间，该处的风速足以捕集有害物气流。作业区是产生有害物气流的区域。为有效控制有害物暴露，作业区必须在外吸罩有效控制区的内部。但是对于流动作业而言，例如刷胶、焊接焊缝等，作业区域和有害物发生源是跟着作业工具或组件移动的，可利用可移动排风罩或可调式工作区域。呼吸带是劳动者口鼻四周可吸到的空气区域，通常被定义为口或鼻周边 30cm 范围内的区域。

有效控制区,可以想象成是在排风罩前方的一个气泡,此气泡很容易被破坏,它可以缩小,也可改变形状,且很易被干扰气流改变捕集区的大小和形状,速度较快的干扰气流几乎可摧毁有效控制区,导致组成气流的气体分子四处飘散,如图6.22所示。

由于风速在外吸罩前方随着距离的增大而很快衰减,所以有效控制区的范围几乎总是小于使用者的期望值。按照经验法则,在距离外吸罩罩口一个排风罩直径处,其风速已锐减为罩口风速的1/10。

2.控制风速

控制风速是指在有害物发生源处所需的风速,以克服有害物气流向外运动,并将其抽进排风罩内。但是,这只有在有害物发生源与排风罩间的一定距离内才是有意义的。外吸罩非常难以控制快速移动的有害物气流。它们通常需要半密闭罩或接受罩。表6.7所列的控制风速来源于设计经验。在实际工作中,设计者和供应商应该进行检查,并在有必要的情况下制作模型。控制风速的下限范围适用于以下情况:

(1)低毒物质。

(2)物料使用量少。

(3)间歇性使用。

(4)排风罩较大。

(5)具方向性的气流流向排风罩。

(6)没有侧风。

表 6.7　控制点风速

有害物气流逸散形式	工艺流程举例	控制点风速范围/(m/s)
以很低或无能量方式进入静止空气中	蒸发、来自镀槽的雾滴	$0.25\sim<0.5$
以低能量方式进入相对静止空气中	焊接、焊锡、转移液体	$0.5\sim<1.0$
以中等能量进入流动的空气中	粉碎、喷涂	$1.0\sim<2.5$
以高能量进入紊流的空气中	切割、喷砂、打磨	$2.5\sim>10$

3.外吸罩与发生源的距离

劳动者应了解外吸罩有效控制区的大小与形状,并在有效控制区内作业。在工作区域,外吸罩供应商及设计者应清晰标识有效控制区的范围,或标识排风罩的最远捕获距离。

测量结果显示,外吸罩的捕集效率会随着与排风罩的间距加大而快速下降,所有外吸罩都有此趋势。排风罩越小,"部分有效"的区域就越小。在实际应用中,工作区域的微小改变足以影响外吸罩是否能捕集到有害物气流。也经常发生外吸罩未有效捕集有害物,甚至完全没有捕集到有害物的现象。

外吸罩通常只对距离罩口 2 倍直径范围内的有害物发生源有效(OSHA 则是规定在 1.5 倍直径范围内有效);大于 2 倍直径的范围则无效。有效控制区的形状依排风罩的形状而定,有效控制区会受到严重限制,特别是小型外吸罩。

4.外吸罩凸缘

外吸罩的气流轮廓会延伸到排风罩后方,导致排风罩前方的有害物发生源无法被有效控制。安装外吸罩凸缘可极大地改善此情形,如图 6.23 所示。

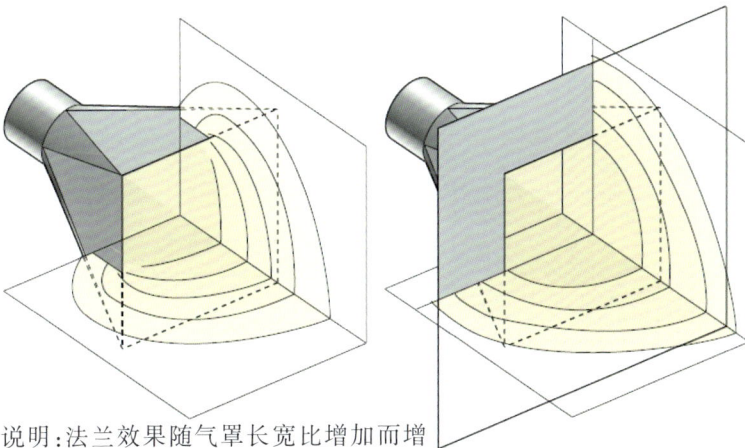

说明:法兰效果随气罩长宽比增加而增加,也就是说法兰对条缝形排风罩效果更为显著

图 6.23　法兰对控制风速等的线性影响

外吸罩凸缘的作用如下：

（1）限制从外吸罩后方来的空气气流。

（2）在排风罩前方产生较大的有效控制区和较远可及的捕获距离。

（3）改善气流流速分布形态，使得进入排风罩的气流变得平顺，减少涡流的产生，进而增加排风罩的捕集效率，提升排风罩效能。

6.6.3.4 典型设计

1.槽边排风罩

槽边排风罩是指在具有开放式表面的槽桶等有害物发生源的一个边或多个边抽取废气的排风罩。根据需要，将吸风罩设置成条缝状（长而细的排风罩），并沿着有害物发生源的周边布置。由于条缝排风罩的有效控制区有限，所以当在槽桶两侧设置条缝时，其有效控制区需涵盖槽桶开口面的中心点。

根据经验法则，槽桶开口表面宽度超过 0.6m 时，需在槽桶的一侧设置条缝；宽度为 0.6～1.2m 时，应在槽桶两侧都设置条缝；对于宽度大于 1.2m 的槽桶，需要设计其他方法来控制有害物的逸散。

2.下吸式排风罩

下吸式排风罩是指通过在水平表面设置孔形或条缝形进风口，引导有害物气流向下进入增压室内的排风罩。作业区非常接近吸气水平表面或排风罩罩口。局部排风产生的有组织气流引导工作流程或生产活动所产生的有害物气流被合理排放。

相对于需要进一步控制的工艺流程，具有较大开口表面积的下吸式排风罩能较为有效地控制有害物气流。增加包围墙面甚至部分顶罩，将下吸式排风罩转变成半密闭罩，将大大提高控制的有效性。

下吸式排风罩是否有效，取决于以下因素。

（1）排风能力是否足够，下吸式排风罩组织气流的能力应足以排放有害物气流，既要合理排放又要经济实用，例如小型排风罩将无法应付大型、能量较高的工艺流程，如高速圆盘切割。

（2）作业区是否接近下吸式排风罩罩口。

（3）罩口被其他物品遮挡的程度，如工具和其他物料。

3.低风量高风速排风系统

低风量高风速排风系统（LVHV）含有一个非常靠近有害物发生源的小排风罩，通常具有很高的罩口风速（如100m/s）。典型的低风量高风速排风系统常应用于手持工具，但也可以用于固定设备。

某些工业工具（如砂轮）快速转动过程中带动表面空气形成高速气流，其携带细微粉尘颗粒很难被捕集到。低风量高风速排风系统可以设置在砂磨机上，以便成功地控制含粉尘空气的逸散（见图6.21）。对于手持设备的设计师而言，手持设备是很难加装低风量高风速排风系统的，因为加装低风量高风速排风系统必须结合人体工效学原理，要能让使用者接受，且能成功地控制有害物逸散。

第7章 局部排风系统设计

7.1 要 点

（1）局部排风系统需达到特定效果，且耐磨损。

（2）局部排风系统部件应易于安全检查、清洁、测试及维修。

7.2 引 言

第6章讨论了排风罩的尺寸、形状、设计及设置位置，也阐述了为何风速及排风量控制是排风罩设计成功的关键。局部排风系统的"工作"主要是抽取来自排风罩的合理风量。设计局部排风系统需要解决风管、风机、空气净化装置，以及大气出风口与空气再循环（避免气流短路）等关键问题。

7.3 设 计

局部排风系统应能够净化空气中的有害物，并能有效排放。除单一风管的局部排风系统外，在设计过程中应该运用迭代演算法，设计者应注意以下几个方面。

（1）初步设计：规划空间布局。

（2）按照客户需求确定每一个排风罩的风量。

（3）确定每一个汇流管（又称合管）的排气量与全压。

（4）以标准尺寸绘制风管设计图。

（5）根据与初步设计的差异，重新计算各排风罩与汇流管的风量。

（6）利用节气阀（又称节气风阀）调节所需风量。

（7）重新计算生成风机性能曲线。在确定的风机全压下,计算局部排风系统的风量(见7.8"风机特性")。

局部排风系统相关设计参数值可通过访问英国职业健康管理局网站(www.hse.gov.uk)获得,例如:

（1）空气密度,按照温度高低调整。

（2）由动压换算成风速。

（3）圆形风管截面积。

（4）液体的最大饱和蒸气压。

（5）蒸气和气体ppm(百万分之一)常用单位与 mg/m³ 的单位换算。

7.4 风管接管工程

风管接管工程是指接通通风系统的各个部件,并将含有害物的废气从局部排风罩输送到出风口。其工程内容主要包括以下几个方面。

（1）风管与排风罩连接。

（2）调整或平衡局部排风系统不同支管废气流量的风阀。

（3）支管、汇流管及风管变径。

（4）标记测试孔和风管内危害标识。

（5）净化装置与风机连接。

（6）清洁与检查所用的工作平台。

上述风管接管工程通常属于负压状态(即风管内压力低于工作场所环境压力),风机的排放侧则属于正压状态(即风管内压力高于工作场所环境压力)。

风管截面形状可以为圆形或矩形,通常采用圆形,因为:

（1）在风管截面积相同的情况下,圆形风管的周长较短,整体重量较轻。

（2）圆形风管可承受较大的压力差。

（3）因圆形风管不可能产生二次振动的平面,所以其产生的噪声相对较少。

关于风管接管工程,设计者还应思考以下几点:

(1)设计越简单越好。

(2)使用光滑、无障碍的风管内壁,便于运输颗粒物。

(3)风管流速要足够大,可使颗粒物在废气气流中维持悬浮状态,但同时要保证产生的噪声维持在可接受水平。

(4)合理安排风管,以减少噪声。

(5)保持建筑物内风管负压,能延伸多远就多远。

(6)支管及汇流管越少越好,以减小气流阻力。

(7)当需要改变风管方向时,应尽量平顺。风管直管与汇流管的接口也应平顺,避免使用"T"形接口。

(8)当风管截面需要改变时,需要加入锥形截面。

(9)在相对低处设计出风口,可用于排放积聚的气溶胶、可能凝结的雾滴或有助于燃烧的物质。

(10)要设置清扫口,以方便清洁及清除风管内阻塞物(凝集物)。

(11)尽可能减短输送颗粒物风管的水平长度。

(12)根据可能的温度范围,风管应能适应热胀冷缩。

设计者应避免:

(1)用长度很长的柔性风管。柔性风管因具有高流体阻力及低复原能力,易被穿破、撕裂而受损。

(2)急弯管也会导致颗粒物积聚而造成风管堵塞(见图7.1)。

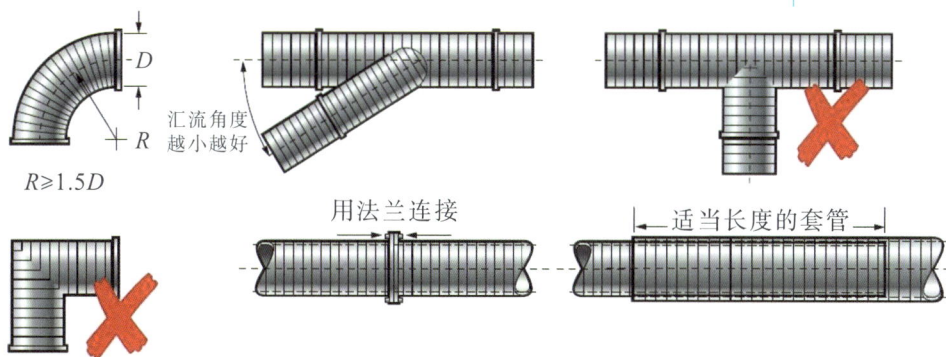

图 7.1　支管、汇流管及风管连接

风管设置不能破坏建筑物的防火设计规划。

7.4.1 风管材质

考虑有害物的理化性质,风管材质应有以下特点。

(1)在符合成本及满足实用性的情况下,风管材质应具有最好的阻抗性。

(2)有足够的强度和支撑结构来承受可能的磨损和破裂。

风管厚度(强度)应随风管输送的有害物变化而有所变化,例如:

(1)轻负荷风管可以输送不具有磨损性的物质(如喷漆、雾滴、木尘、食品、药物等)。

(2)中负荷风管可以输送不具有磨损性但浓度高的物质,或浓度低但具有磨损性的物质。

(3)高负荷风管可以输送具有高磨损性的物质(如沙、砂砾、岩石、粉煤灰等)。考虑"损耗件"提供——易更换的风管组件(如弯管等)。

镀锌钢板应用范围很广,特别当所处理的有害物温度较高时;为防止化学腐蚀,需要涂层低碳钢,且其有一定的防火功能。铝或塑料材质(聚氯乙烯、聚丙烯)适用于非腐蚀、低温的情况。表7.1以耐用性为参考要素,给出镀锌钢板管壁厚度的建议值。

表7.1 镀锌钢板管壁厚度建议值

风管直径(mm)	风管厚度(mm)		
	轻负荷风管	中负荷风管	高负荷风管
0~<200	0.8	0.8	1.2
200~<450	0.8	1.0	1.2
450~<800	1.0	1.2	1.6
800~<1200	1.2	1.6	2.0
1200~<1500	1.6	2.0	2.5

7.4.2　用以检查风管的设施

在合适的位置设置具有防漏功能的检查孔,便于检查和清理风管内部,检查孔的位置要方便接近且易打开。

设置测试孔,至少在风管中设置静压接头,用于监测排风系统、诊断是否存在风管破损或局部堵塞。测试孔可选取以下位置。

(1)在每个排风罩或封闭区域的后面。

(2)在排风系统中的关键点。

(3)在一些组件测试压差,如风机及过滤器前后。

在风管的显著位置标记这些检查点,并为安全地靠近这些位置提供恰当的方式方法。

7.4.3　风管流速(管道风速)

风管风速必须足够大,一是为维持颗粒物悬浮于气流中,二是为了再扬起并移除局部排风系统停止时沉积的颗粒物。设计者需要避免颗粒物沉积在风管系统的每个部分。排风系统中以下几个比较特殊的管道风速的设计需要重点考虑。

(1)在长的水平风管中。

(2)在风管系统的低点。

(3)在风管变径的接合处。

(4)在支管或肘管的后面。

(5)当同时输送大颗粒和小颗粒物时(如木工粉尘)。

颗粒物沉积会减小风管的直径、改变风管内径形状、增加阻力,并减少系统中的气流。沉积的颗粒物难以再扬起到气流中,并可能导致风管堵塞,而且如果是可燃物料,还存在引发火灾的风险。

风管流速大小取决于运输的有害物的形态。最小风管流速的建议值见表7.2。

表7.2　最小风管流速的建议值

有害物形态	搬运风速建议值(m/s)
气体及不冷凝的蒸气	5
可以冷凝的蒸气、烟气	10
低或中密度且含水量低的粉尘(塑料粉尘、锯末)、细尘和雾滴	15
工艺粉尘(水泥粉尘、砖尘、木屑、研磨粉尘)	≈20
大颗粒、结块且潮湿的粉尘(金属切屑、潮湿的水泥粉尘、堆肥)	≈25

7.5　风管性能

7.5.1　多支管式局部排风系统

多支管式局部排风系统(见图7.2)设计应提供所需的风速,使含有害物的空气能从距离风机最远的排风罩(无论是从距离还是从系统的阻力计算都是最远的)一路抵达风机。常见的情况是若干个排风罩接到同一个主风管,因此风机必须有足够的功率,才能在排风罩达到最大数目时,仍保证提供足够的风速带动空气穿越整个系统。为降低成本,最好利用节气阀(调节风阀)等方式来关闭未使用的排风罩。

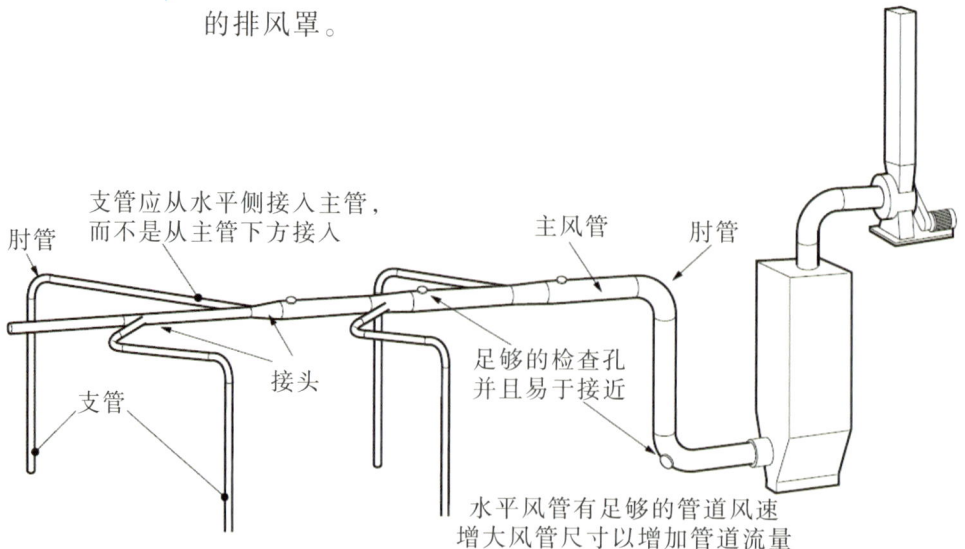

图7.2　多支管式局部排风系统增加管道流量

节气阀可以让多支管式局部排风系统具有一定程度的可调节性,但是滥用节气阀很可能破坏系统的风量平衡,因此要尽量避免让使用者自行调整节气阀。在经常需要使用节气阀的行业(如木材加工业),使用者应能准确熟练地掌握节气阀的操作方法,并且还要对节气阀的使用进行一定的监督管理。

7.5.2　改变局部排风系统的风量

如果客户预计使用的风量可能发生变化(如关闭未使用的排风罩),应对这些可能的变化设计一定的方案,包括:

(1)可变速的风机驱动装置,使风机的转速可变,让风管内的静压保持恒定。

(2)采用一定的技术,让风机皮带或皮带轮转动(速率)可变。

(3)出于平衡考虑,而不是节能考虑,可采用节气阀。

有关局部排风系统平衡的信息详见第 8 章。这是非常有技术含量的一项工作,特别是针对多支管式局部排风系统。

7.5.3　压力损失

局部排风系统的每一个排风罩、风管及空气净化装置都有各自的"压力损失",因此为了选择合适的风机,设计者应将局部排风系统的每个组件的压力损失相加,才能克服风管及配件产生的阻力。可供采纳的方法举例如下。

(1)"美国方法":把肘管及配件换算为相当于一定长度的直管压力损失。

(2)"英国方法":把风管的直管段与肘管及配件区分开来,设计师计算每个组件的压力损失,最后将局部排风系统的压力损失相加。这种计算要按照某一个特定的风量进行。

有关计算压力损失的案例可以访问英国职业安全管理局的网站(www.hse.gov.uk/lev)。

7.5.4　风管与风机之间的连接

空气应该以均匀且最小紊流的方式进出风机。在风机附近风管的肘管及合管会导致涡流(负压侧)或静压增加(正压侧),从而降低效能。理想情况下,离心式风机排放侧的肘管与风机出口下游的距离应大于5倍风管直径。

7.6　风机和其他排气设备

风机一般是最常见的排风设施。它从排风罩吸入空气和有害物,通过风管系统到出风口。风机一般可分成5大类:①螺旋桨式;②轴流式;③离心式(见图7.3);④涡轮抽风式;⑤压缩空气驱动式。

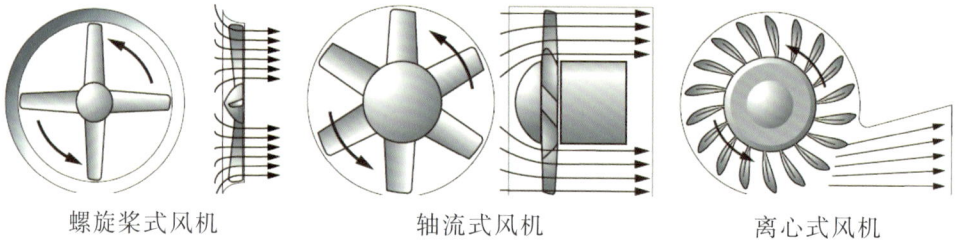

螺旋桨式风机　　　　　　轴流式风机　　　　　　离心式风机

图7.3　风机类型

7.6.1　螺旋桨式风机

螺旋桨式风机通常用于整体换气或稀释通风。它们质轻价廉,成本也低,且风量操作范围大。然而,它们无法产生较大的压力差,只适用于低气流阻力的通风系统。

风机叶片一般由金属或塑胶材料制造而成,安装在平板或框笼中,直接连接到马达或以皮带驱动的轮毂上。它们通常不适用于具有中气流阻力的管道系统或安装除尘过滤器的管道系统。

7.6.2　轴流式风机

轴流式风机不适用于除尘。它们结构紧密,无法产生大的压差,不能克服许多工业应用的气流阻力。

叶轮风机叶片位于旋转轮毂上,安装在短筒状的外壳内,风扇在风管内,除非污染物是易燃或腐蚀性的,否则马达通常也在管道内。

7.6.3　离心式风机

离心式风机是局部排风系统最常用的风机,其能产生较大的压差,并可产生气流以克服相对大的阻力。

风机叶片安装在背板上,通常是在一个涡形壳体中。空气沿着传动轴的管路被吸入叶轮的中心。空气从叶轮的切线方向喷出。

离心式风机按照叶片形状特点分为以下 3 种类型。

(1)径向叶片型(最常见的是桨式):坚固耐用,易于维修清理,可以传送重的粉尘或产品负荷。径向叶片型往往是排除含尘有害物废气的最佳选择。

(2)前倾多翼型:具有许多相对较小的叶片,叶片尖端顺着旋转方向前倾。转速通常低于其他类型的离心式风机。前倾多翼型不适用于排除粉尘含量较高的有害物气流。

(3)后倾叶片型(弯曲式、直板式、层流式、流线机翼式):可以克服系统的高压力。当传送高负荷粉尘时,粉尘会积聚在叶轮上,可能会导致不平衡及振动。

7.6.4　涡轮抽风式风机(多阶离心风机)

涡轮抽风式风机可以产生很高的排风压力,可以满足低风量高风速排风系统(LVHV)的需要。区别于传统风机,涡轮抽风式风机使用的高精密叶片很容易受到粉尘的损坏,因此需要设置过滤器来保护风机。

7.6.5　压缩空气驱动式风机

压缩空气驱动式风机一般用于无法使用电动风机的情况,例如无法进入的场合或有易燃易爆气体的场合。它们的优点有体积较小、价格便宜、便于携带等；主要缺点有运行成本高(压缩空气比较昂贵)、风量较小、噪声较大等。

7.7　风机安装位置

安装风机的目的是让风管系统尽可能多地处于负压状态，尤其是风机上游的室内风管系统，正常应该处于负压状态。保持负压状态的作用是，即使风管发生泄漏，有害物也不会逸散到工作场所中。解决方案是将风机安装在车间外的正压风管段。

7.8　风机特性

根据风扇的类型、大小、转速及风机使用方法不同，风机的效率和噪声特性有显著性差异。风机的功率、效率随风量的变化而变化。以风压、功率、风量作图所呈现的曲线被称为"风机曲线"(见图7.4)。风机制造商的产品目录要展示他们风机的曲线，并提供相关信息以帮助设计师选择正确的风机。

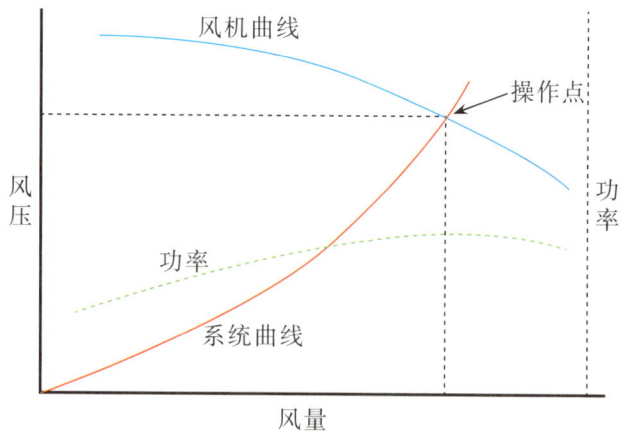

图7.4　风机曲线与系统曲线相交于操作点

系统曲线显示了在风机的任何给定压力下，通过设计达到的风量。设计者应选择一台在特定压差条件下能够达到此风量的风机。

设计师选择风机时，应使系统曲线和风机曲线在风压和风量设计点(操作点)交叉。通常需要使用可变控制器或限制阀来移动风机曲线,使其与系统曲线交叉在设计需要的地方。

操作点给定的数据是排风系统选择风机达到所需风量时的风压及功率。而在实际工作中,很少会绘制如图7.4所示的曲线图,操作点往往选自系统曲线及风机特性表。因为无论如何选择,这些曲线图都不能保证操作点在一个稳定的区域内,在选定风机后,轻微泄漏、堵塞或缺陷都可能导致系统与选定风机性能出现大幅度偏差。

保证操作点在风机最佳(性能)范围内是非常重要的。在此范围外可能会导致噪声和耗电量增加,而且一旦超出风机的荷载,也会导致系统故障。

7.9　风机选择

针对某一具体应用场景,风机的选择需要考虑诸多因素,主要包括:

(1)气流中有害物种类。

(2)有害物易燃性或者可燃性。

(3)所需风量。

(4)系统阻抗特性。

(5)风机压力(压损)特性。

(6)空间限制。

(7)风机安装方式以及传动方式(电机类型)。

(8)工作温度。

(9)可接受的噪声水平。

有关风机的更多详细信息(包括风机的应用及选择)可以访问风机制造商协会的网站。

7.10　空气净化装置:除尘器

除尘器是局部排风系统最常见的空气净化装置,包括布袋除尘器、旋风除尘器、静电除尘器及湿式除尘器(详见表7.3)。

表 7.3　空气净化装置(除尘器)

类型	除尘效率	优点	缺点
布袋除尘器	>99.9%	形成粉尘滤饼后增加除尘效率	1.粉尘滤饼形成后,增加气流阻力; 2.油性或蜡质物质会阻塞滤布; 3.磨蚀性物质会加速滤材的磨损
旋风除尘器	粒径2μm:0% 粒径5μm:50% 粒径8μm:100%	1.与其他除尘器相比,降压较小; 2.对粒径大的颗粒物除尘效果好	对粒径小的颗粒物除尘效果差
静电除尘器	粒径1~5μm:80%~99%; 粒径5~10μm:>99%	1.适用于高温及腐蚀性废气; 2.运行成本低; 3.低压强(50~200Pa)	1.投资成本高; 2.占用空间大; 3.操作条件改变受限; 4.对导电性能极低或极高的颗粒物除尘效果差; 5.粉尘浓度较高时,产生短路或火花; 6.需要专业清理
湿式除尘器	粒径>5μm:96%; 粒径1~5μm:20%~80%	1.适用于高温废气; 2.过滤黏性颗粒物,避免阻塞; 3.消除火灾和爆炸隐患; 4.无固废产生	1.高噪声; 2.具有腐蚀性; 3.寒冷天气会结冰; 4.需要处理废水及淤泥; 5.有些颗粒物难以湿润; 6.会产生细菌和臭味

7.10.1　布袋集尘器

布袋集尘器(见图 7.5)适用于清除干粉尘。污染空气通过具有弹性多孔的滤材,滤材带静电而有助于过滤粉尘。

清洁空气出口

污染空气进口

空气流经布袋,粉尘留在布袋外侧

布袋(织造)

集尘袋或集尘斗

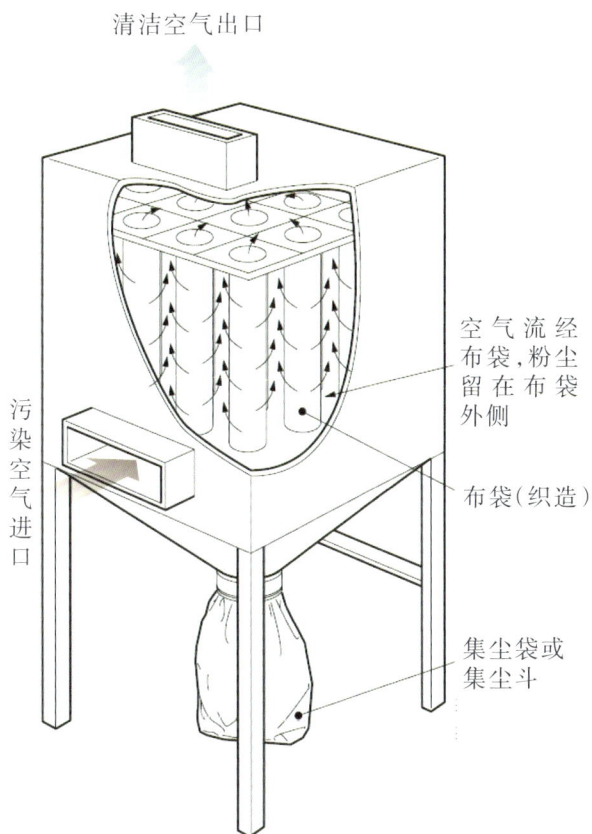

图 7.5　布袋除尘器

除尘机制包括以下几个方面。

（1）直接拦截：粒径大于过滤材料孔径的，直接拦截在过滤材料表面。

（2）冲击：中等粒径的粉尘，会卡在过滤材料内部。

（3）扩散：小粒径的粉尘被吸附到过滤材料纤维上。

（4）静电吸附：小粒径的粉尘被过滤材料的静电吸附。

布袋清灰方式如下。

（1）机械振荡。

（2）空气反吹。

（3）脉冲清灰。

过滤材料价格昂贵，并且因为需要定期更换，所以运行成本也高。设计者应设定更换周期，更换周期一般为1～4年。

7.10.2　旋风除尘器

　　旋风除尘器由进气管、排气管、圆筒体、圆锥体和灰斗构成（见图 7.6）。含尘的空气由旋风除尘器顶端的进风口沿切线方向进入，在圆筒体内旋转，这样可利用离心力将粉尘抛向内壁，粉尘速率减缓后，滑落到底部的集尘斗中，净化后的空气则由旋风除尘器顶端中心的出风口排出。粉尘粒径越大，旋风除尘器越易将其去除。

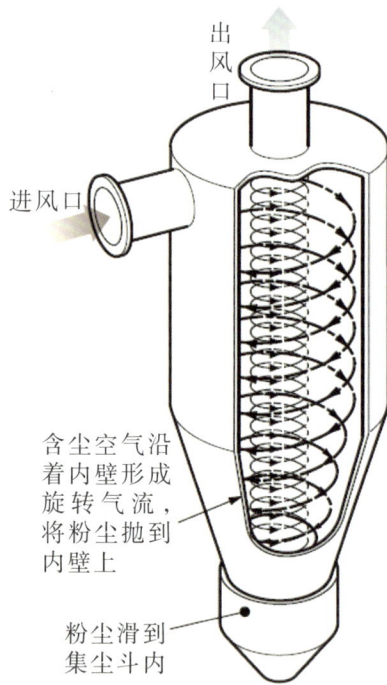

出风口

进风口

含尘空气沿着内壁形成旋转气流，将粉尘抛到内壁上

粉尘滑到集尘斗内

图 7.6　旋风除尘器

7.10.3　静电除尘器

　　静电除尘器（见图 7.7）适用于去除粒径小的粉尘，但不适用于去除含尘浓度过高的废气。原理是先让粉尘及烟气带电，再让这些微粒被带相反电荷的集尘板吸引，空气除尘后即可排出。静电除尘器有两种类型。

（1）管式：在接地管的轴心有 1 条高压放电电线。

（2）平板式：有接地的金属集尘板之间设置数条高压放电电线。

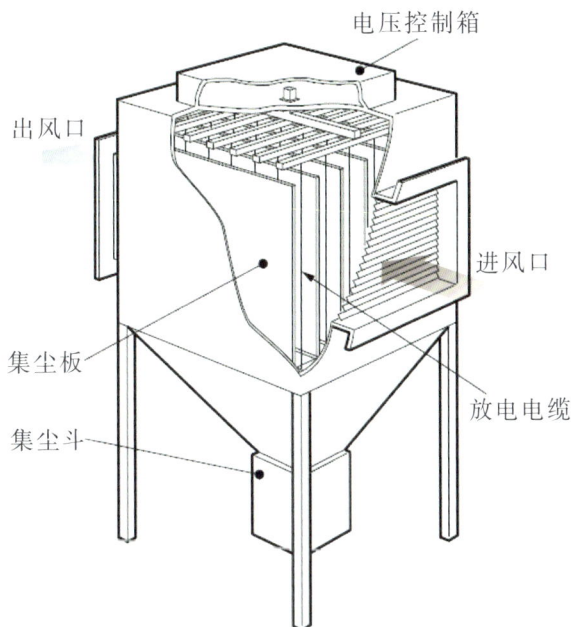

图 7.7　静电除尘器

7.10.4　湿式除尘器

湿式除尘系指将颗粒物湿润，并从废气中洗涤出去。其设计需考虑满足以下要求：

（1）颗粒物加湿。

（2）使其随水滴沉降。

（3）提供适当废水处理系统。

（4）防止颗粒物在入口处阻塞。

（5）防止除尘后的空气过于潮湿。

湿式除尘器种类较多，最常见的有文式洗尘器（文丘里洗涤器）、自引式喷淋除尘器及湿式旋风除尘器。

7.10.4.1　文式洗尘器（文丘里洗涤器）

文式洗尘器（文丘里洗涤器）的工作模式是：含粉尘废

气通过文式槽喉部,产生高速气流,并与喉部注入的清水相撞,清水被打散成雾滴,粉尘与雾滴相撞,湿润结成大的颗粒,随后进入旋风除尘器内分离形成含尘的污泥,除尘后的空气由旋风除尘器顶端中心的出风口排出(见图7.8)。

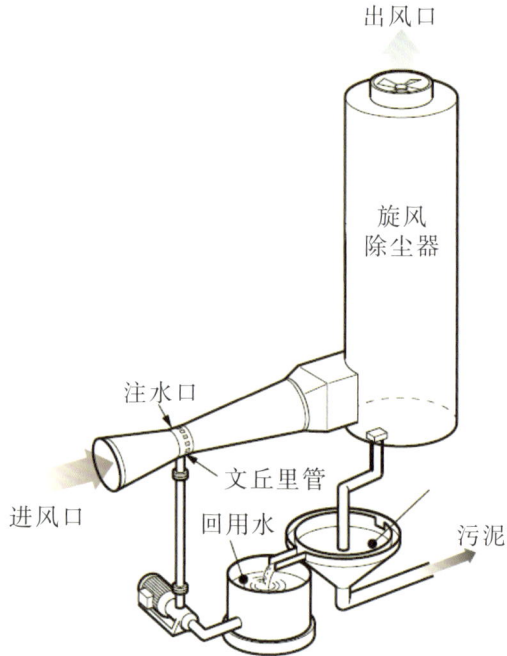

图 7.8　文式洗尘器

7.10.4.2　自引式喷淋除尘器

自引式喷淋除尘器的工作模式是:含粉尘的废气从水槽挡板下方被抽进除尘器中,粉尘冲击水滴以及水槽中的水,除雾器或收水器从净化的空气中分离水滴,有害物随水滴沉降到集尘器底部成为污泥(见图7.9)。为了避免细菌滋生产生异味,需要定期清洗喷淋除尘器;如不定期清洗,可能存在军团菌滋生的风险。

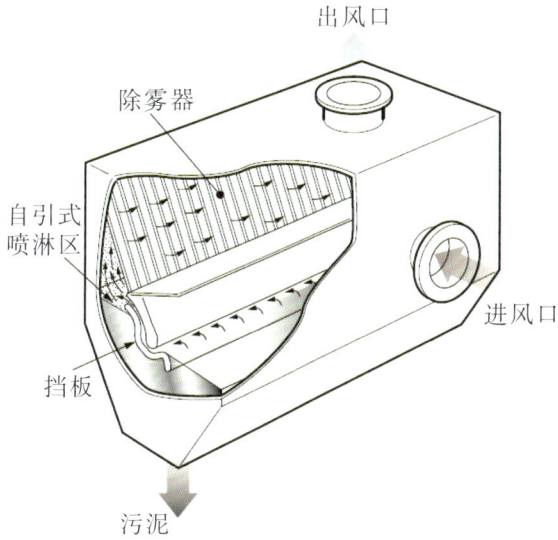

图 7.9　自引式喷淋除尘器

7.10.4.3　湿式旋风除尘器

湿式旋风除尘器的工作模式是：含尘废气进入旋风除尘器，内部有水滴由中央向外喷淋，旋风除尘器可分离雾滴，含尘雾滴聚集形成污泥，新鲜空气则由旋风除尘器顶部中央的出风口排出。

7.11　空气净化装置：气体及蒸气

气体及蒸气的净化技术包括氧化分解法、填充塔洗涤器法及回收法。

7.11.1　氧化分解法

氧化分解法，例如热氧化（焚化）或燃烧塔，在气体或蒸气排放前以燃烧或热氧化的方式焚毁，热氧化单元可配备热回收装置，以节省燃料费用。

7.11.2　填充塔洗涤器法

填充塔洗涤器法的工作模式是：塔内填充填料以提供大的表面积；水或试剂溶液由塔的顶部流下，含有害物的废气则由底部进入;顺着填充物流下的液体吸收污染物,被净化的空气则由塔顶排出。为了避免细菌滋生和由此产生的臭味,填充塔洗涤器需要定期清洗,因为它有滋生军团菌的风险。

7.11.3　回收法

回收法(如吸附)的工作模式是:含有害物的废气通过滤床以去除有害气体及蒸气。其中,最常见的是活性炭滤床。废气通常先经过除尘部件,再通过活性炭滤床。活性炭滤床可再回用,溶剂也可再回收,但只有当溶剂的使用达到一定量时,回收才有意义。浸渍过的碳原子能够吸收特定的化学物质。其典型的缺点包括:

(1)滤床需要经常更换。

(2)滤床饱和时,过滤会失效。

(3)活性炭会出现"燃点"而需要火灾监测和灭火系统的辅助。

提醒:活性炭滤床是毒物吸附材料,不是除尘滤材。

7.12　废气排放

除非废气中的有害物浓度已经低到可以忽略不计的程度,否则无论废气是否已被净化,都不能重新进入原建筑物或其他建筑物,排出的空气必须以足够高的速率离开排气管,以便废气扩散稀释,通常是经专门的废气排气管排放。

7.12.1　排放烟囱

建筑物周围的空气有边界层。排气管选址的目标是排出的废气到边界层以外,防止它进入再循环涡流,且烟囱应远高于建筑物最高点(见图7.10)。

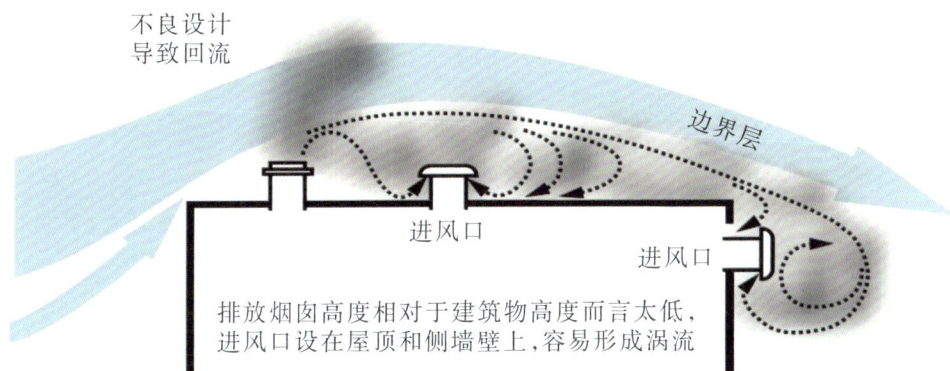

不良设计
导致回流

边界层

进风口

进风口

排放烟囱高度相对于建筑物高度而言太低，
进风口设在屋顶和侧墙壁上，容易形成涡流

图 7.10　不正确的排放烟囱位置

设计人员需要知道安装新排气管的建筑物周围的气流模式，即：

（1）屋顶前缘所产生的再循环涡流。

（2）顺风尾流。

（3）风向效应。

7.12.2　排气管设计

废气利用它本身的动力和浮力，离开排气管并上升。废气的能量一旦衰减，且被冷却至环境温度，就会被周围盛行风带走。

废气排放速率的增加，可以通过在出风口安装锥形喷嘴来实现。排气管较高可防止排出的废气与边界层空气混合，但排气管设计过高可能不会被相关部门批准，因为各地环保部门或地方主管机关对排气管的高度有相应的规定。

增加废气排放速率的其他方式有：

（1）废气集中排放，减少排气管数量。

（2）排气管尽量靠近布置，以促进形成合流。

避免防雨帽或其他设施减缓排气管的上升气流，也不能使用会使排放气流向下的设施（见图 7.11 和图 7.12）。

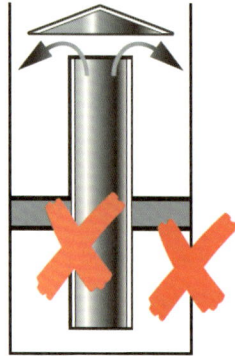

图 7.11　不宜使用此
排放形式

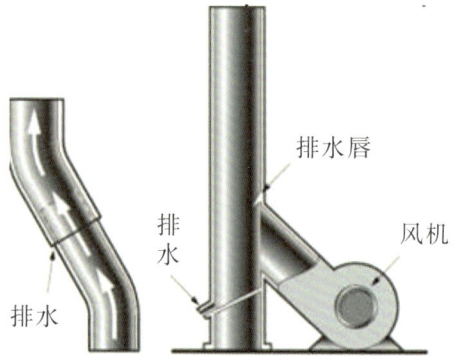

图 7.12　排气管设计

用人单位应取得环保单位的排放许可，满足当地的环保要求和规定。

7.13　局部排风仪表

局部排风系统的使用者，特别是局部排风罩的劳动者，必须能够分辨排风罩气流是否完全控制有害物的暴露。为了保证系统持续良好运行，需要定期监测所有排风罩的性能，因此，设计者应设计合适的指示器，如气流指示器或压差计。

7.13.1　气流显示器

多种设备可用作气流指示器：

（1）如压力计等简单可靠的装置连接到局部排风系统排风管上，动压表可以直接指示气流速度。

（2）比较复杂的，例如压力感应器，可在气流速度低于预设值时发出警报。

7.13.2　压差计

压差计是一种压力表，一般显示静压，它有几种形式：

（1）电子式（压力转换器）。

（2）机械式（压力感应膜片），无须电源，一般适用于易燃环境。

（3）压差计的玻璃管中加入液体，无须电源，一般适用于易燃环境，便宜且精准。缺点是液体中可能形成气泡或液体挥发，可能影响测量结果。

7.13.3　警报及警示

警报器可能出现预警失效的情况，正确的做法是在操作手册中规定警示器的检测频率，设计者需设定警报及显示器的检定周期。

7.14　工作环境及工作过程中存在的问题

7.14.1　废气回流

将排出的空气循环回用，可以节省能源，及降低加热或冷却的成本。它也不需要过多考虑是否要补充空气。循环回用在以下情况下更易实施。

（1）有害物是粉尘。

（2）有害物浓度低于规定职业接触限值要求（详见第 3 章）。

（3）局部排风系统规模较小。

（4）排放的是低毒性物质。

空气净化装置是循环回用系统最重要的部分，它的功能和规格必须与有害物及其浓度相匹配。废气只有被彻底净化，才可用作循环空气回用。如果空气净化装置出现故障，就可能出现危险情况。因此，任何循环回用系统都应设置监控和报警装置，例如：

（1）针对过滤器阻塞或失效报警，如使用压力表进行连续监测。

（2）先进的监测和报警系统应做成连锁装置，出现问题能将循环回用空气转移到工作场所外面。

用户操作手册中必须包括检测器和报警器的测试信息（详见第 9 章）。

7.14.2　排风柜循环回用

用于控制粉尘、烟或雾滴的循环式或半循环式排风柜应配备高效空气过滤器。每次更换过滤器基座时都要检查,并需要持续监控整个系统。

可采用吸附滤床,只要有可能,可预测此滤床的失效时机(译者注:吸附有害物达饱和)。在不用考虑经济因素影响时,可安装合适的监控设备,例如火焰离子化探测器(flame ionization detector,FID)。

7.14.3　补充或"取代"空气

有抽取空气,就需要有计划地补充空气,否则可能会产生严重侧风,这可能会抵消局部排风系统的效果,造成局部排风系统无法完全按照初始设计运行。补充新风是局部排风系统不可分割的一部分,如果采取加热补充新风,那么成本就会适当增加。补充新风的体积应与局部排风所抽取的空气体积相当。对于大型工作场所内的小型局部排风系统,可以通过自然通风的方式补充新风;但对于小型工作场所的大型局部排风系统,需要安装被动或主动的进风口。

补气量不足的典型表现包括:

(1)从自然通风烟道排出的烟气又回流进入工作场所。

(2)开向工作场所外的门很难打开。

(3)向内开的门很难关闭。

(4)门缝和窗户的缝有侧风呼啸而入。

(5)风机可能会变得更加嘈杂。

(6)门窗开启造成进入排风罩的风量增加。

(7)燃气设备上的火焰指示灯可能熄灭。

堆放材料或垃圾而阻塞进气孔是补气装置故障的常见原因之一。

补充空气不应产生侧风或干扰进入局部排风罩的气

流。设计者应设计好进风口尺寸和位置,尽量减少这种影响,确保进风口远离局部排风罩。

7.14.4　全面通风

对于以下情形,局部排风系统可能不是最佳的解决方案:

(1)有害物发生源较多且分散。

(2)有害物发生源太大,局部排风系统无法覆盖整个有害物发生源。

(3)有害物发生源位置不固定。

(4)有害物发生源散发的有害物量较少。

(5)逸散的有害物为低毒类。

用人单位应与暖通设计师合作,采用局部排风系统来控制主要的有害物发生源,并用全面通风来控制较小的有害物发生源或由大型有害物发生源逸散的任何有害物。全面通风涉及以干净新鲜的空气来补充工作场所含有害物的空气。全面通风有两种形式,即稀释或混合通风,以及置换通风。

7.14.5　稀释或混合通风

新鲜空气以混合的方式来稀释作业场所空气中的有害物浓度,前提往往是假设整个工作场所的有害物浓度是均匀的,但这种假设通常是错误的,因为在实际工作中,混合是不完全的,在实际工作场所中总会有一些浓度较高的局部区域,这种区域通常靠近有害物发生源。

7.14.6　置换通风

新鲜空气以最小混合程度把含有害物的空气冲出作业场所。此种类似“活塞”或“栓塞”式气流可由以下方式产生:

(1)以均匀的速率由一侧墙体引入空气,把作业场所的空气冲到对侧的墙体而置换掉。

(2)将温度低于室温的空气由室内较低处引入,较热的废气向上置换而达到清洁效果(例如,通过百叶窗)。

(3)从高处引入暖气流,从低处排出废气。

置换通风的新鲜空气风速应足以维持均匀气流,但也不能过高,以免造成室内气流上下混合。注意:大规模的置换通风是很难实现的。

7.14.7 特殊情况:局部空气置换

局部空气置换(local air displacement,LAD)不属于局部排风,因为它并没有抽取空气,它适用于明确且有限的区域内,且在其他控制措施无法减少劳动者暴露时。局部空气置换是具有一定宽度且流速较慢的喷射气流从上方的进风口往下喷出,将新鲜空气送到劳动者呼吸带。向下的气流,其边缘部位会夹带四周含有害物的空气,但喷射气流只要足够宽就能让含有害物的污染空气远离劳动者呼吸带(见图7.13a)。如果喷射气流是高速且狭窄的,那么新鲜空气的核心区将无法向下延伸到劳动者呼吸带,这样的方式是不正确的(见图7.13b)。

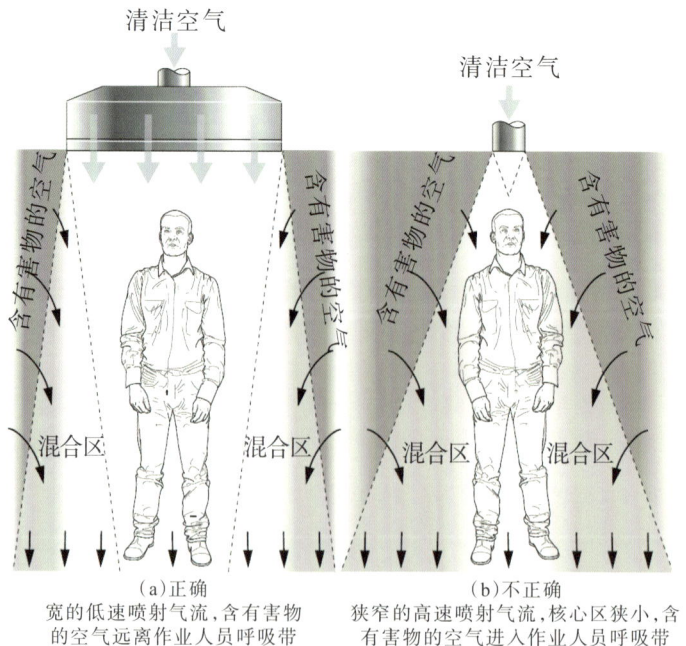

(a)正确
宽的低速喷射气流,含有害物的空气远离作业人员呼吸带

(b)不正确
狭窄的高速喷射气流,核心区狭小,含有害物的空气进入作业人员呼吸带

图 7.13 局部空气置换正确与不正确方式示意

设计局部空气置换的目的是给劳动者呼吸带提供新鲜空气,而不是吹走有害物气流。它可以单独使用或与局部排风系统组合使用。局部空气置换的设计原则见表7.4。其主要特点如下:

(1)新鲜空气的进风口应尽可能靠近劳动者呼吸带,但也不要靠得很近,以免造成劳动者不舒服或限制劳动者移动。

(2)向下的气流必须能抑制任何工艺流程所造成的向上气流。气流应该是平顺的,在进风口处的风速应该在1m/s左右,并且没有涡流。

(3)作业区应限制在新鲜空气的核心区内,该核心区应大到足以涵盖整个作业区。

(4)理想情况下,局部置换的空气温度应该等于或稍低于工作场所的温度。如果是在气温低的工作环境中,应设计空气加热装置,以维持人体的舒适性。

表7.4　局部空气置换的设计原则

问题	可能的解决方案
局部空气置换是优先考虑的控制措施吗?	·首选工艺流程改善和局部排风
明确界定作业区	·局部空气置换应覆盖整个作业区。 ·新鲜空气应包围劳动者呼吸带。 ·应尽量减少侧风
安装位置	·局部空气置换应尽可能靠近劳动者头部
气流设计	·气流应足够维持一个新鲜空气的核心区。 ·进风口风速在1m/s左右。 ·气流应均匀,不产生涡流
设计的不可确定性	·安装样机并测试,根据实际情况更新迭代设计
可用性	·气流显示装置应安装在进风口附近。 ·需要安装加热装置,但使用要方便

7.15　其他事项

7.15.1　噪　声

用人单位应设定可接受的噪声值,而设计者需要满足此需求。局部排风所产生的噪声可能带来一系列问题,特别是当周围环境噪声比较低时。局部排风系统产生的噪声来源如下:

(1)风机-风扇形式、风扇叶片设计、马达、轴承、安装、风机外壳、隔声及风管连接等。

(2)由急弯、横截面或内部管道法兰的急剧变化引起的湍流。

(3)高风速及大颗粒粉尘。

(4)周围气流小,而集气罩的流速大。

(5)通过通风罩和管道传导的其他地方产生的噪声或振动。

只要条件允许,设计者应采用:

(1)具防振和隔声装置的风扇组件。

(2)具消音器或隔声装置的风管。

(3)不会产生过多噪声的排风罩设计。

7.15.2　温度舒适性

进风口的设计应避免产生冷风,最重要的是必须"调节"或"移走"补充空气中的低温气流。对于在气流流速较高的通风柜内作业且劳动强度低的情况,尤其应避免冷风对劳动者的影响。提供制热设备是便于劳动者操作的一个较好的替代方法。

7.15.3　照　明

用人单位评估局部排风系统所在区域的环境照明设计和安装,如果可以,可以设计更多的照明设备满足相关法规标准中有关基本健康和安全的要求。

排风罩可能会遮挡照明,使劳动者看不清他们的操作,这可能会导致:

(1)排风罩被移到一边,弃而不用。

(2)劳动者在岗亭式排风罩外面或在其开口面工作,降低排风罩的使用效果。

部分包围型及走入岗亭式排风罩需要考虑照明设计,并且还应考虑在可移动排风罩内设计光源。

7.15.4 可接近性

设计师应考虑劳动者应易靠近局部排风设施。这些需求包括日常工作活动、检查、测试、清洁、检修维护。如果局部排风设施很难靠近,劳动者就不太可能进行上述操作,然后可能导致局部排风系统的使用效果下降。

7.15.5 操作便利性

劳动者可以容易地将设备移进排风罩内,或很容易地把排风罩移到工艺设备处,他们需要能够在工作过程中操纵物件。对走入式岗亭而言,劳动者需要能够在物件四周工作。设计师可以考虑制定一个转盘或架具,使工作位置更优,劳动者工作姿势更加轻松。

7.15.6 检查、测试、清洁、维修

劳动者需要可以安全且轻易地接近以下设施:

(1)大小合理的检测口。

(2)易堵塞或结垢的风管口。

(3)空气净化装置,例如更换滤料、清空集尘斗、排除污泥等。

(4)需要更换的风机及驱动器。

局部排风系统其他事项设计原则见表 7.5。

表7.5　局部排风系统其他事项设计原则

设计内容	设计原则
位置	·能在室内安静运行 ·在排风罩风管及其他需要的地方设置气流显示器,例如压差计。 ·尽量减少支管且接管平顺。
风管	·必要时对风管进行防腐处理。 ·设置排水口,以便排掉由雾滴形成的液体。 ·尽量让风管处于负压状态。 ·预计容易磨损的部位,并在规划设计时考虑其便于更换。 ·要能方便接近风管内部,以便清除堵塞
气流	·设计能安静运行。 ·确保气流及颗粒物输送顺畅。 ·可以提供充足的补充空气。 ·将废气排放到安全的地方
实用性	·确保可以安全方便地接近系统中的必要部分。 ·考虑噪声、照明和舒适度等因素。 ·需要更换的零部件要有一定的库存

第8章 安装与调试

8.1 要 点

（1）调试的四个阶段分别为安装、性能检测、评估控制的有效性和调试报告。

（2）测试并验证是至关重要的。

（3）现有局部排风系统如果没有文件资料，就必须验证控制的有效性，并测量和记录性能数据。

本章介绍安装与调试的要点。

8.2 调 试

"调试"要证明局部排风系统是否能够保证足够的控制效果。第5章列出了充分控制的基本要求。局部排风系统需要安装和调试才能在实践中发挥作用。调试过程的若干部分通常被称为"初步评估"和"预期效果"。本指南没有使用这些术语，但包含了它们的含义。针对设计、施工、使用等文件资料不全的局部排风系统，本章也提出了调试方法。

用人单位有责任通过适当的措施来控制暴露，包括局部排风系统等"硬件"和工作规范，主要内容包括：

（1）相关的工艺设备，如密封件、架具、处理工具，以及与其配套的局部排风系统。

（2）工作规范，如最佳的工作位置、工作工具的角度和位置，及正确使用局部排风设备。

调试应包括"硬件"和工作规范。局部排风设备安装和调试专员要确保控制措施在实践中有效控制危害因素。

有效调试要求用人单位与局部排风供应商及局部排风服务供应商紧密合作。服务供应商必须告知用人单位安装和调试可能会影响生产。

局部排风系统调试有四个阶段：

(1)安装及验证其是否按照设计要求(如果有必要)。

(2)局部排风系统符合规定的技术性能。

(3)控制的有效性——证明足以控制有害物气流。

(4)结果报告(定性和定量)作为管理和维护局部排风系统及随后的检查与测试的基准。

局部排风系统调试报告,连同使用者操作手册(见第9章),是规定年度全面检查测试的基础。如果局部排风系统并未进行调试或未提供使用者操作手册,用人单位会缺少有关设备性能或维修保养的信息。局部排风系统检查人员可能也会有类似的困难(见第10章)。

8.3　第一阶段:安装

安装者可能是设计或供应公司、服务提供商,或是用人单位(如果有能力)。有关局部排风系统安装者能力要求的详细信息,见第2章及附录1。

安装者在安装前可能需要整理以下内容:①厂房中重物的基础;②电源;③压缩空气;④可安全靠近的装置(如梯子等);⑤用人单位及员工的合作。

对于简单的系统,安装一般仅限于拆包、组装、检查风管是否清洁(如已没有包装物)、启动并进行初步调整。

对于复杂的系统,安装可能涉及以下方面:

(1)完整性检查,以确保所有组件都有提供,并且型号、尺寸、等级都正确。

(2)验证电源和检查其他辅助设施(如压缩空气)是否足够。

(3)建构局部排风系统。

(4)检查组装是否正确,并确定测试及检修孔。

（5）检查所有的组件都处于良好的工作状态，以及风机转向正确。

（6）使用风阀进行初步风量平衡。

（7）排除简易故障。

安装者应报告任何未记录或缺少的部分，以及所有的修改内容。在安装系统时出现任何问题或做出任何变更，均必须经用人单位（即客户）和设计者或供应商认可。例如，风管不应该因不可预见的空间限制而强行安装。

安装过程可能会带来职业安全健康危害，例如：①高空作业；②手工处理；③车辆运动；④机械伤害；⑤任何焊接产生的烟气；⑥易燃气体；⑦电器危害；⑧石棉（局部排风系统相关建筑结构安装工作过程中可能会接触石棉，需咨询客户石棉管理计划和措施）。

安装者应与用人单位讨论并确认风险是可控的。这些细节在此不详述，但 HSE 已发行了相关出版物，可以在网站上查询相关信息。CDM2015 可能适用于厂房局部排风系统的安装。

系统平衡

任何局部排风系统均需要设计一个以上排风罩，每个支管都需要能抽取适量的空气。安装措施不只是简单连接风管和开启风机。系统平衡即系统中的每一个排风罩都能达到所要求的效能。系统平衡必须由安装者或调试专员完成。每个支管的风量取决于：

（1）入口或排风罩的气流阻力。

（2）支管长度、直径及气流阻力。

（3）与主风管连接处的气流状况。

在安装、调试及任何重新配置局部排风系统时，都需要做系统平衡。局部排风系统正确的平衡（和再平衡）是技术含量较高的一项工作，特别是在多支管系统上。改变风管中的风量会影响所有支管的风量。通常必须调整整个局部排风系统，并且此步骤至少重复一次。安装的原则见

表8.1。

现有系统严重失衡的常见原因是，有人隔开了预留的进风口或增加新的排风罩。在这种情况下，需要重新平衡，从每个排风罩及支管开始，逐步朝风机方向调整。

注意：只使用风阀来修正严重失衡是错误的，这可能会导致粉尘或液滴沉积于局部区域，并且浪费能源。

表8.1　安装的原则

规格	需要清晰明确
安装	·符合规范。 ·遵循安全的工作做法。 ·如有改变，需要与设计师协商。 ·移交调试前彻底检查

8.4　第二阶段：技术性能

新的局部排风系统必须符合用人单位指定的基本要求和相关标准。当有下列情形时，所有系统都需要重新调试：

（1）生产过程（工序）有变更。

（2）工作场所布局有变更。

（3）有害物发生源的设备有变更。

（4）其他任何变更，如修改支管或添加一个新的支管。

局部排风系统调试专员的技术能力要求见第2章及附录1。

8.4.1　大型系统

某些大型生产系统，例如木材加工场所，经常会出现局部排风系统连接过多的局部排风罩，超过了风机和过滤器的设计能力的情况。许多风管设置防爆节风阀来关闭暂时不用的排风罩。重要的是，要妥善记录所发现的系统操作关键要点和不足之处，而且使用者要接受关于风阀使用的专门培训。主管需要知道可以同时启动哪些风管组合。这些信息在计划方案或设计图中应有所体现。

8.4.2　技术性能测试

局部排风系统调试人员使用各种评估方法观察、测试和测量的结果即是调试报告,它可以成为用人单位的基本要求和标准。用人单位可以将调试报告与规定测试结果进行比较(详见第 10 章),它也是系统工作日志中测试的基准。

测试包括以下方面:

(1)系统中各处的风量,包括罩口(如适用)、排风罩风管及主风管。

(2)系统各部分的静压,包括排风罩风管及过滤器与风机的前后。

(3)罩口面风速(如适用)。

(4)风机的转速、马达的转速及耗电量。

测试还可以包括:

(1)置换或补充的进风量。

(2)空气温度。

(3)过滤器效能。

测试记录和计算应便于与原设计性能比较风量、风速及风压。如系统无法验证原始设计性能,可能需要进一步调查和测试,以查找问题的原因及补救办法。

8.5　第三阶段:控制效果

局部排风有效性评估一般有三种,并且可以是重复的。

(1)局部排风的设计是有效的。

(2)局部排风的设计被定性地证明是有效的。

(3)局部排风的设计似乎是足够的,但控制效果不确定。

8.5.1　已知是有效设计的局部排风系统

已经通过验证的、具有良好性能的局部排风系统,可以充分地控制暴露。这样的系统必须是:

（1）依据标准设计。

（2）应用到行业的标准生产过程。

（3）制订明确的设计规格。

调试员应在调试报告中记载观察和测试的性能数据。局部排风系统的有效性取决于劳动者的操作方式，因此也要确保操作方式正确描述。调试报告中应包含数据，应将基础数据输入系统的工作日志中。

8.5.2　定性测试局部排风系统的有效性

定性测试是通过仔细观察有害物发生源及捕获它们的排风罩，初步判定是否能达到所需的效果；也可以使用烟气或粉尘探灯来测试局部排风系统，这样的效果更好。当然，这种定性测试的系统还是不如已知是有效设计的局部排风系统，还需要进一步观察和测试，包括：

（1）密切观察有害物发生源及劳动者的操作。

（2）烟气测试运行过程中，观察泄漏的气流、涡流及烟气是否进入劳动者的呼吸带。

（3）当有害物是粉尘或雾滴时，借由粉尘探灯观察运行过程中的排风效果。

（4）观察劳动者的操作及控制系统的适用性与可持续性，观察他们是否按照操作规程作业。

记录所有能提供足够控制的局部排风数据，包括每个排风罩上压差计的静压数值。局部排风系统的有效性取决于劳动者的操作方式，因此也要确保操作方式的正确描述。调试报告中应包含这些数据，应将基础数据输入系统的工作日志中。

本类型的一个情况是，局部排风系统看似是有效的，但没有调试数据、没有使用者操作手册，也没有系统的工作日志。此时，调试专员需要测量运行压力和风量数据，作为新的工作日志内容。

8.5.3　似乎是足够的但控制效果不确定的局部排风

局部排风系统一般能够达到足够的控制效果,比如针对毒性物质,但也可能存在局限性。当局部排风效果不佳时,客户可能需要使用局部排风系统以外的控制措施(如应急避难措施),比如附近工序劳动者可能需要呼吸防护用品。

当需要严格控制时,通过单独观测及其他定性测试和观察通常不能判断控制效果的有效性,可能需要进行进一步测试,如空气采样。

8.6　定性评估方法

8.6.1　观　察

有经验的调试员能够通过简单观察,判断系统的有效性。然而,该判断仍需要依赖测试,并且也需要将测试结果记录下来。调试员的观察主要包括判断补充空气是否足够,还需要利用工业内视镜、光纤摄像机或管道镜等检查风管内部。

8.6.2　使颗粒物气流可见

丁达尔照明(微尘现象)使细颗粒物可见。丁达尔效应是光散射造成的。当一束阳光照进建筑物时,它射到室内空气中的雾滴、粉尘或烟气,会被散射而使我们肉眼可见。粉尘探灯可产生强大的平行光束而重现丁达尔效应(见图8.1)。在它的光束路径中可呈现颗粒物气流的密度及运动形态。使用者应该移动粉尘探灯以照亮气流的不同部位,并显示整个气流的大小及运动规律。

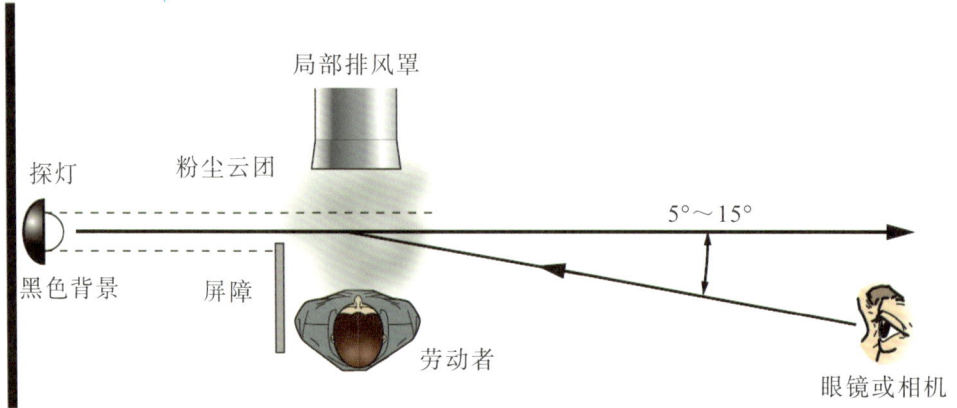

图 8.1　如何使用粉尘探灯

8.6.3　如何使用粉尘探灯

当使用粉尘探灯时,请按照以下操作:

(1)检查工作流程。有害物发生源在哪里?

(2)粉尘探灯架在三脚架上用以照射潜在的有害物发生源。

(3)启动该生产工艺及相关设备。

(4)站在光束轴线旁。用遮光板隔开探灯与劳动者的眼睛,用劳动者的眼睛查看光束,检视被气流散射出来的光线。

其他注意事项:

(1)三脚架对光束固定是至关重要的。

(2)可用充电式手电筒充当粉尘探灯。

(3)粉尘探灯的平行光束可能只照亮部分气流。

(4)暗的背景(如深色布)有助于显示散射光。

(5)只要没有安全风险,应尽可能关闭场所的灯光。

8.6.4　用烟气使气流肉眼看见

由发烟弹、发烟管或烟气发生器产生的烟气作用如下:

(1)显示有害物气流的大小、速度及运动规律。

(2)确定有效捕集区及其边界。

（3）确认排风罩的捕获范围。

（4）确定侧风的方向及大小。

（5）显示空气的一般运动规律。

烟气发生器的选择取决于有害物发生源和排风罩的类型及大小：

（1）发烟管产生少量烟气而形成单一的气流，有些会产生酸性雾滴。发烟管通常用于测试风量较小的排风罩。

（2）烟气发生器可以持续产生大小不同的烟气，但使用时会留下油、丙二醇等残留物，因此通常不能用在设有烟气探测器的场所，除非将烟气探测器屏蔽。烟气发生器还有其他很多用途，例如评估大型包围型排风罩的有效性。

（3）发烟弹可产生短时且适量的烟气，如果附近有易燃物质，那发烟弹是不适用的。其最理想的应用是测试上吸式排风罩及烟道。

焊锡有无丁达尔光束的区别见图8.2。

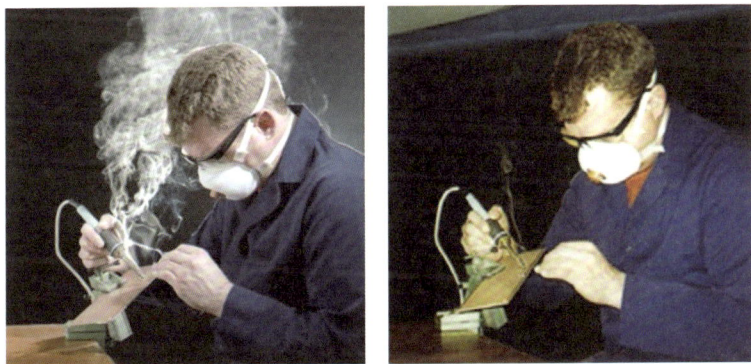

图8.2 焊锡有无丁达尔光束的区别

8.7 定量评估方法

定量评估方法可用于重复测量排风效果。测量结果不能用于证明控制措施的有效性，但可作为基础数据用于与以后的测试结果进行比较。定量评估方法包括：

（1）在不同的位置测量风量，包括罩口与风管、排风罩风管及主风管。

（2）测量系统各部分的静压，包括排风罩风管，以及过滤器与风机的压差。

（3）测量风机的转速、马达的转速及耗电量。

8.8　测试和设备

测量仪器都需要定期校准。在可能易燃易爆的场所，要使用防爆型本质安全型仪器。测试及其相关设备包括以下几个方面。

（1）压力测试：压差计，如倾斜式、无液式或微压差计。

（2）风速测试：风速计，如热偶式或热线式、叶轮式或皮托管。

（3）有效性测试：产生气溶胶、示踪气体，并搭配适当的检测器。

（4）风机测试：设备包括转速计和电表。

（5）过滤器或空气净化装置性能测试：设备包括等速且具空气动力学直径选择性的采样器（如尘埃粒子计数器）、水质检测试剂盒等。

（6）观察：粉尘探灯、发烟设备、摄影机（如光纤摄影机）及内窥镜（用于局部排风装置内部检查）等。

8.9　空气采样

现场采样是证明局部排风系统有效性的关键。空气采样一般按照法定标准要求进行。在系统的所有部件安装完成，劳动者开始正确的操作后，可以进行空气采样。这操作通常需要职业卫生专业技术人员进行，需要做的事包括：

（1）选择适当的采样方法。

（2）正确测量。

（3）对结果做专业的解释。

由于局部排风系统的性能是控制严重职业病的关键，所以需要通过空气采样，检测作业环境中有害物的暴露浓度。空气采样应当按照相关规定进行，例如危害物质控制规程

（Control of Substances Hazardous to Health Regulations，COSHH）的要求。具体可以在工序附近进行定点采样（远离排风罩）、个体采样（劳动者和其他人员）和出风口采样（如果有必要）。

8.10 第四阶段：调试报告

应将测试点及设计性能的数据录入局部排风系统的操作手册中；将检查及维护的时间表录入工作日志中。

8.10.1 局部排风系统调试报告

局部排风系统调试报告由局部排风系统调试人员编制，主要包括局部排风系统调试的结果。它可作为基础数据，供定期检查、维护，也可按规定进行完整检查及测试比较（见第 10 章）。调试报告内容主要应包括局部排风系统是否满足设计要求、调试人员提出的专业意见及该系统有效性的证明材料。

调试报告内要体现所有相关性能参数的计算过程，以便比对风量、风速及压力的测量值与原始设计值。当两者不匹配时，提示需要改善局部排风系统的性能（如改变风阀设置）以满足原有的设计要求。用设计参数与实际测试参数的比对来评估局部排风系统性能不一定是最简单的方法，但有可能是唯一可识别其缺陷的诊断测试方法。

调试人员应将局部排风性能的相关信息参数（如压力和风速测试结果）录入局部排风使用者操作手册中，调试的基础测试结果也需要输入局部排风系统的工作日志中。

局部排风系统的有效性同样取决于正确的操作方式，因此操作规程和注意事项也应在使用者操作手册及调试报告中有所体现。

8.10.2 调试报告内容

调试报告应包括下列事项：

（1）局部排风系统图示及说明，包括测试点位置。

（2）局部排风系统的性能、规格、参数等详细信息。

（3）调试结果，例如在规定的测试点的压力及风速。

（4）数据计算过程。

（5）对调试、定性和定量测试以及结果的完整详细的描述。必要时，还应包括空气采样检测结果。

（6）操作规程和注意事项。

调试原则见表8.2。

表8.2　调试原则

调试内容	调试要求
安装	·按设计规范安装； ·根据设计方案检查布局及组件； ·任何修改需取得设计师和供应商同意； ·检查系统动力部件(例如风机、空气净化装置等)； ·检查多支管系统(大致)平衡； ·记录任何改动； ·方便接近的清理和检测点
安全作业流程	·与用人单位商定安全工作程序和责任； ·确保任何评估和许可都到位，例如法定的评估和工作许可； ·修改风险评估标准以涵盖现场工作
技术性能	·根据设计方案检查安装是否正确； ·风罩、风管、空气净化装置、风机、废气出风口的性能应该都是正确的； ·进行定性和定量检查； ·对多支管系统进行平衡
控制效果	·验证控制的有效性； ·检查安装和技术性能； ·检查操作员是否遵循正确的作业方式； ·进行定性和定量检查以评估控制的有效性
调试报告	·需要足够详细； ·要取得用人单位认可——这是合同的一部分
相关数据录入操作手册及工作日志	·这应该是合同的一部分； ·文件应留有空白，以便记载相关观察结果； ·确定基础数据，并将其录入局部排风系统操作手册中

第9章 操作手册及工作日志

9.1 要 点

局部排风系统的所有者(用人单位)需要同时有操作手册和工作日志。本章重点介绍局部排风系统所需的基本文件。

9.2 引 言

操作手册和工作日志作为系统设计、安装与调试的一部分,包含了指引和标准,供用人单位维护、保养,也可供检查设备时参考。局部排风系统说明书应包含制造商和制造商授权公司的名称和地址;还应包含设备名称,但不一定包含设备序列号。

9.3 操作手册

操作手册内容应包括如何使用该局部排风系统,如何维护和保养,可用的备件、可能出现的故障的原因清单,还应包括含局部排风系统关键组件的分解图。

局部排风系统的所有者(用人单位)需要一份操作手册,这是因为:

(1)他们可能不了解局部排风系统的技术细节。

(2)可以获得良好的局部排风系统检修、维护和指导。

(3)有助于局部排风系统的检查和测试。

一本全面性的局部排风系统操作手册应分为两个部分:

(1)简单的入门说明(大多数人可以读懂)。

(2)为服务供应商及检维修工程师提供详细的技术信息。

详细的技术信息通常包括：

（1）局部排风系统的用途及说明，包括图表和图纸。

（2）如何使用局部排风系统。

（3）磨损和控制系统出现故障的迹象。

（4）检查、维护保养及零件更换的时间表、频率和说明。

（5）完整检查及测试规定的具体要求和基准的详细说明。

（6）调试时的性能信息。

（7）可更换的零件清单（及零件序号）。

9.3.1 目　的

应说明局部排风系统用来控制什么以及如何实现控制。

9.3.2 详细说明

详细说明通常包括：

（1）组件规格、材料以及序号。

（2）所有风罩罩口风速和管道风速设计值。如果系统组件有试验报告，也应包括在内。

（3）补充空气的安排。

（4）测量和测试点位置，以及所需要的测量和测试内容，包括报警测试；对于使用到水的系统，应包括对水质的检测；必要时，还需要测试岗位的照明情况。

（5）维护和清洁的频率，如风机叶片、过滤网。

（6）检查是否有物品阻塞局部排风系统，以及如何避免污染物沉积。

（7）劳动者的正确操作方式，如可移动式排风罩与有害物发生源的相对位置。

（8）针对废弃物处置的特殊要求。

9.3.3　图　纸

系统图纸应包括并显示组件及其序号(如果有)。

(1)排风罩,包括进气入口及其有效捕集区(如果可以呈现)。

(2)风管(刚性和柔性)、支管及合流管、缩管及扩张管。

(3)控制风阀。

(4)监控设备,如压力表。

(5)测量和测试点位置,以及空气采样位置(如有必要)。

(6)检查口。

(7)空气净化装置(如果已安装)。

(8)风机。

(9)出风口。

(10)监视器和报警器。

9.3.4　操作与使用

操作与使用的细节如下:

(1)确定会影响系统性能的可调节措施,如风阀。

(2)确定排风罩、通风柜移门等位置,以使性能最优化。

(3)劳动者演练,包括生产设备的位置与操作方式(这需要咨询用人单位与劳动者)。

(4)其他影响局部排风性能的因素,如从门口吹进来的侧风或使用额外的风扇降温。

9.3.5　检查与保养

检查与保养的细节包括:

(1)风管状况,特别是柔性风管。

(2)机械完整性,例如腐蚀、破损、密封情况,及风阀、通风柜移门使用情况等。

(3)排风罩清洁度,特别是伞形罩与风管内部。

(4)监视器、气流显示器等的使用情况。

（5）减压或隋性系统（如果需要）。

（6）泄露测试。

（7）通风柜与排风罩的照明。

（8）噪声值。

（9）报警系统正常运行。

（10）水质（如果需要）。

（11）补充空气没有侧风或阻塞。

（12）所需配件的清单。

9.3.6　完整检查与测试

完整检查与测试的细节包括：

（1）测试项目。

（2）测试时间。

（3）测试地点。

（4）测试方法。

（5）与调试及过去测试结果比较（如果有数据）。

9.3.7　技术性能

如有可能，技术性能的详细信息应包括：

（1）每个排风罩、风管以及其他位置的静压目标值。

（2）排风罩罩口风速与其他风速目标值。

（3）劳动者暴露基准值。

9.4　局部排风系统工作日志

局部排风系统工作日志应包含定期检查、定期维护、定期维修的计划表及记录。

工作日志包括：

（1）定期检查与维护的时间表。

（2）定期检查、保养、更换及维修的记录。

（3）检查局部排风系统是否正确使用。

（4）检查人员签字。

9.4.1　日志清单范例

确定局部排风系统每日检查、每周检查、每月检查的项目,例如:

(1)排风罩:包括风量显示器、物理损坏及堵塞情况。

(2)风管:包括损坏、磨损及局部堵塞情况。

(3)风阀位置。

(4)空气净化装置:包括损坏、空气净化装置前后的静压及失效报警。

(5)风机:包括耗电量,以及噪声或振动的变化。

(6)已进行的维护保养。

(7)已完成的零件更换。

(8)计划内及计划外的维修。

(9)劳动者如何使用局部排风系统,检查他们是否遵循正确的操作流程。

(10)预留空白,以便记录项目检查的结果。

(11)签名和日期。

特例包括:

(1)隔离房或通风柜的清洁时间。

(2)接受罩的设置位置,特别是可移动排风罩。

(3)外吸罩及捕集区内的作业区域。

(4)劳动者确保有害物发生源在半密闭罩内。

(5)在可走入式排风柜内,劳动者在相对气流方向侧身工作。

(6)杂物阻碍局部排风。

(7)检查风机的噪声,以及保持叶轮清洁。

(8)更换风机轴承。

(9)更换净化器过滤材料。

9.4.2　缺文件资料的局部排风系统

局部排风系统如果没有工作日志、操作手册或调试报告,用人单位可以先寻求供应商帮助。如果不成功,可以向从事局部排风工作的专业工程师或职业卫生专业人员请求协助,以准备适当的文件。判断局部排风系统是否能持续达到原有性能,并提供足够的控制,取决于局部排风系统的评估内容,通常包括目测、压力测量、风量测量、粉尘探灯及空气采样测试(如果适用)等。

第10章 完整检查与测试

10.1 要 点

（1）用人单位的局部排风系统需要有能胜任的人进行完整检查与测试。

（2）检查与测试报告应列出用人单位可采取的补救措施的优先顺序。

（3）用人单位的工程师及负责健康和安全的人都应看到检查与测试报告。

本章描述局部排风系统所需的法定检查与测试，作为有害物管理规则的补充指导。

10.2 引 言

为确保局部排风系统正确运行，应每日、每周、每月定期检查，并应将定期检查的频率及内容记录在工作日志中。经过培训的员工能够进行日常检查，一旦发现局部排风系统的任何问题就马上向主管汇报，用人单位必须确保检查者具备足以胜任该项工作的知识和专业能力。

有害物管理规则要求对暴露控制措施进行维护、检查和测试，使控制措施随时保持有效性。控制措施不仅指硬件，还包括：

（1）工程控制措施。

（2）运行与监督系统。

10.3 完整检查与测试

完整检查与测试是详细且系统的检查，确保局部排风系统可以持续保持性能，并能充分控制暴露。完整检查通常包括功能测试，提供足够证据证明暴露充分控制。完整检查与测试可由足以胜任且可客观地评估局部排风系统的人员执行，他可以是：

（1）外部供应商。

（2）局部排风系统拥有者（用人单位）的可胜任该项工作的员工。

有关局部排风检查能力的信息见第2章及附录1。

10.3.1　完整检查与测试的频率

有害物管理规则规定局部排风系统的测试频率，大部分系统为14个月，但也有例外的情况（见表10.1）。局部排风系统的磨损会降低其检测周期内的性能，因此需要增加检测频次。

表10.1　某些生产过程中局部排风系统的完整检查与测试的频率

生产过程	检查与测试频率
金属铸件喷砂生产过程	1个月
黄麻布制造	1个月
非湿式作业，如打磨、抛光金属（金、铂或铱除外）	6个月
有色金属铸件的生产过程（产生粉尘或烟气）	6个月

实际工作中，这些频率可能适合于类似的生产过程，如喷砂以外的其他物件铸造的局部排风系统检查与测试频率也可以是1个月。

工作制度和操作方式（包括监督）审查虽然不一定是完整检查过程的一部分，但也应该定期进行。

10.3.2　局部排风系统准备、维护、修理和检查

局部排风系统检查人员需要知道待测系统的风险。这些风险包括：

（1）局部排风系统内残留物带来的健康风险。

（2）局部排风系统机械伤害、高空作业、触电、手工搬运及车辆等安全风险。

用人单位与检查人员需要配合,以降低相关风险。用人单位应安排工作许可证(如有必要)及安全通道。用人单位还应当提供有关个体防护用品要求的信息。

针对法定完整检查与测试,检查人员应在可行的情况下使用以下信息:

（1）调试报告。

（2）操作手册。

（3）工作日志。

（4）以往的检查与测试报告。

（5）与局部排风系统空气采样记录和局部排风系统运行有关的信息。

（6）确认自上次测试以来,局部排风系统布局及流程是否有改变。

检查人员应核实该操作手册是否适用于待测系统。如果没有可用的文件,可将适当的"完整检查与测试"当成调试报告。在这种情况下,检查人员的报告需要包含足够详细的信息,以供使用者用作操作手册。这种额外的服务及产生的费用需要客户与检查人员之间达成协议。

10.3.3　完整检查与测试实施

检查和测试的程序及分析方法与调试类似,也采用定性及定量方法。局部排风系统的完整检查与测试包括以下 3 个阶段:

第一阶段:完整目测和结构检查,以验证局部排风系统是否处于高效运行状态,具有较好的维修和清洁的条件。

第二阶段:测量和检查技术性能,以确认是否符合调试或其他相关信息。

第三阶段:控制有效性评估。

局部排风系统检查人员需要配备适当的仪器,如皮托管、烟气发生器、粉尘探灯、压差计等，有时还需空气采样设备。

第一阶段：完整目测及结构检查

完整目测及结构检查可包括下列各项：

（1）对系统所有部件彻底地进行外部检查，以检查是否有损坏、磨损及破裂。

（2）检查风管内部。

（3）检查过滤器（例如机械振荡式、空气反吹式或脉冲式）是否正常运行。

（4）检查滤袋。如有内置压力表，检查其功能（并确认其操作压力是正确的）。

（5）检查湿式洗涤器的水流和储槽状况。

（6）检查监视器和报警器是否正常运行。

（7）检查风机驱动结构，例如风机皮带。

（8）检查有效性的指标。检查局部排风罩内部及其周围是否有明显的积尘，系统的任何组件是否有振动或噪声。

第二阶段：测量技术性能

技术性能测量可包括下列各项：

（1）仔细观察生产过程和污染源。

（2）在运行过程中使用烟气进行测试，考虑到烟气泄漏、涡流以及对呼吸带的危害，评估控制是否有效。检查员需告知劳动者现场检查和测试的过程及要求，并尽可能关闭烟气报警器。

（3）生产运行过程中使用粉尘探灯进行测试，以检查粉尘、雾滴的逸散情况。

（4）测量视情况而定，包括：测定排风罩罩口风速、支管和主管内管道风速；在合适的检测点测量排风罩、风管、过滤器及风机前后的静压等。

（5）检查风机、电机转速及耗电量。

（6）检查风机叶轮的旋转方向。

（7）检查进风。

（8）通过模拟故障,测试报警效果。

（9）测量空气温度。

（10）测试空气过滤器的性能(例如再循环系统)。

环境法规可能需要检测空气排放物,本指南未涵盖相关内容。

检查人员应计算出风量。接下来的步骤是:

（1）比对测试报告结果与系统文件中所记载的局部排风设计规格,包括使用者操作手册或其他来源的性能标准。

（2）诊断风量差异的原因。在征得用人单位同意后,检查人员可以在可行的情况下进行简单调整,恢复所需的排风效能。例如调错风阀导致多支管系统失去平衡,检查员可以重新平衡系统。

如果局部排风系统存在安全隐患,应停止检查,直到局部排风系统恢复到原有状态。检查人员应及时提醒用人单位的主要负责人。

第三阶段:控制有效性评估

完整检查和测试的目的是确保局部排风系统可以继续按设计预期运行,并有助于充分控制暴露。检查人员需要执行:

（1）外观和结构检查。

（2）仔细观察工艺过程和污染源,以及劳动者使用局部排风系统的方式。

（3）合适的烟气测试。

（4）详细的测量方法。

（5）将测量结果与用人单位开展的空气检测结果、劳动者的使用方式等信息进行综合分析,以评估局部排风系统的性能。

如果上述标准得到满足并且可接受,那么污染物控制在多数情况下是有效的,可以颁发测试证书。

10.3.4　标记排风罩

用人单位应要求检测者在每一个测试排风罩的适当位置贴上标签(见图10.1),如此可方便确认其是否已完成检测或何时到期。主管与劳动者,以及用人单位,都需要知道排风罩(或局部排风系统)是否失效,如果失效,则贴上"失效"标签(见图10.2)。

测试记录:	
检测日期:＿＿＿＿＿＿＿＿ 到期日期:＿＿＿＿＿＿＿＿ 检测员:＿＿＿＿＿＿＿＿	

图 10.1　排风罩检测标签

控制不当:	
检测日期:＿＿＿＿＿＿＿＿ 检测员:＿＿＿＿＿＿＿＿	失效

图 10.2　排风罩失效标签

红色标签的标准是:

(1)减少或没有测试到气流。

(2)密闭罩失效,无法将有害物气流纳入。

(3)接受罩失效,无法捕获或控制污染物气流。

(4)外吸罩失效,有效捕集区无法将作业区纳入。

也可以用红色标签标示局部排风系统中已确定失效的其他组件。

10.4　局部排风系统完整检查及测试报告

检查者研判该局部排风系统是否能有效控制有害物的暴露,并规划各项相关措施的优先顺序。用人单位应了解需要采取哪些措施;如果不确定,应联系局部排风系统供应商寻求专家帮助。如果维护或维修被确定为优先行动,用人单位应计划、安排维修并重新测试,以确保有效使用。

详尽的检查及测试报告应包括下列各项：

（1）负责局部排风系统的用人单位名称及地址。

（2）检查及测试的日期。

（3）上次完整检查及测试的日期。

（4）确定局部排风系统的位置、生产过程及有害物。

（5）测试时的状况，是否正常生产或有特殊条件。

（6）局部排风系统布置图，并附上测试点。

（7）局部排风系统的状态，包括排风罩序号以及相关组件的照片。

（8）局部排风系统对有害物的预期控制效果，安装到工厂是否仍能实现预期的性能；如果无法实现，明确所需调整、修改或维修的要求。

（9）用来研判效能的方法，以及为达到此效能研判所应完成的工作，例如目测、压力测量、风量测量，以及粉尘探灯、空气采样、滤材状况与除尘效率的测试。

（10）与局部排风系统性能相关的任何空气采样结果。

（11）针对劳动者操作局部排风系统的方式提出建议。

（12）针对系统磨损与损耗，以及是否需要在下次测试前进行组件维修或更换，提出建议。

（13）检查及测试人员的姓名、职称及其用人单位。

（14）检查及测试人员签名。

（15）为了使局部排风系统有效的任何微调或维修的细节说明。

下面介绍一些用于评估局部排风系统的定性和定量方法。如果可以，应遵循局部排风系统制造商的操作指引。

10.4.1　完全包围型

测量包围型排风罩内部与工作场所间的压差，完全包围型应为负压，即内部的气压应低于工作场所的气压。

10.4.2　部分包围型——通风柜/化学排风柜

测量罩口风速(见图10.3),各测量点的读数变化不应太大。

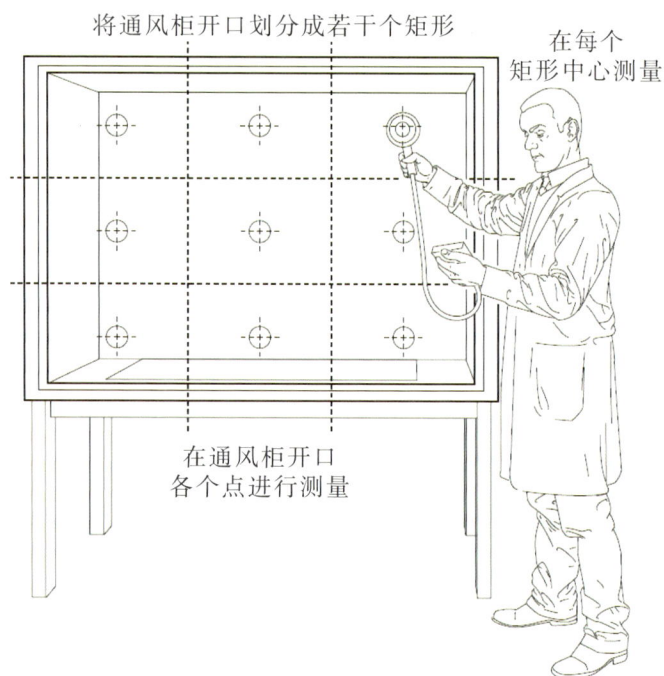

将通风柜开口划分成若干个矩形

在每个矩形中心测量

在通风柜开口各个点进行测量

图10.3　测量大型风罩罩口风速

10.4.3　接受罩(包括伞形罩及外吸罩)

测量罩口风速时,对于较大的排风罩,在其罩口选定几个点测量,这几个点的读数变化不应太大。

10.4.4　外吸罩——条缝式

在条缝开口中选定数个等距点测量风速,并取其平均值,这几个点的读数变化不应太大。

10.4.5　排风罩静压

测量排风罩静压。如果有安装气流监测器,查验其读数的正确性。

10.4.6　气　室

测量气室和罩口风道的静压。

10.4.7　风　管

在可能的情况下,测量每个罩的风管中的风速。在风管的直线段测量,测量点应该远离支管及气流紊乱的地方。

10.4.8　风机/排风机

测量风量及风机入口处的静压。可在风机入口或出口测量风量,只要直管够长即可,因为测量点需在支管或其他紊流的下游够远处。以皮带驱动的风机,可以用以测量风机的转速,请参考制造商的操作指引。

10.4.9　过滤器

测量过滤器上下游的压差,如果过滤器有以振荡去除尘饼的净化设备,在测量静压前应操作此振荡设备;如果通过过滤器的风量与通过风机的风量相同,则无须测量过滤器的风量。

检查安装于系统中的所有压力表的功能与准确性。

10.4.10　特殊过滤器

过滤"有毒"颗粒需要高性能过滤器,例如高效空气过滤器(HEPA 或绝对过滤器)。

10.4.11　湿式洗涤除尘器

测量进口、出口的静压,以及与洗涤性能相关的水的pH。在入口及出口测量静压,如果与洗尘器效能有关,还要测量水的 pH。

附录 1　法规要求

1.本附录总结了局部排风系统(包括制造、供应、调试、使用、维护、测试等)相关人员的法律责任。详细的有关信息请查看 HSE 相关出版物,但其中不包括与易燃性(DSEAR)或环境法规有关的事项。

2.健康与安全法规主要针对用人单位,较少要求员工和其他人员。在局部排风方面,个体经营者的责任与用人单位相同,即那些从事有害因素的作业可能对他人造成伤害的个体经营者。为方便起见,本指南使用的"用人单位"还包括在这种情况下的个体经营者。

3.根据 1974 年《工作健康和安全法案》(HSW 法案)等的要求,每个用人单位都对劳动者及其工作时(执行他们的任务)可能影响到的其他人负有健康和安全责任。重要的是,局部排风系统设备厂商或提供相关服务的公司也受相关法规约束(例如 HSW 法案的第 3、6 和 36 条)。这意味着任何人,如局部排风系统供应、安装、调试或测试的相关人员,都对健康和安全负有法律责任。因此,负有法律责任的不只是局部排风系统的所有者。

4.HSW 法案还考虑了对其他责任人的处罚规定。例如,某公司作为客户,他们可能找具备能力者(见第 2 章和本附录的 12～16 点有关胜任能力的内容)来提供服务,评估健康风险,进行局部排风调试等。如果相关服务商的行为(或建议)致使客户的劳动者面临健康风险,用人单位陷入违反法规的困境,那么按照 HSW 法案,相关服务商也会受到处罚,因为他们是发生违规的真正原因。

5.按照 HSW 法案规定,危害健康物质控制条例

（COSHH，2002年修订）增加了具体要求。例如：

（1）用人单位必须评估劳动者的暴露程度和风险，制定和采取适当的控制措施，并做好检查和维护。

（2）劳动者必须应用这些控制措施进行正确操作。

（3）用人单位必须确保控制所需的设备保持有效、高效工作，及良好维修和清洁状态。

（4）用人单位必须确保至少每14个月（除非另有规定）对局部排风系统的保护效果*进行彻底检查和测试；并以适当的周期进行其他工程控制，同时必须对操作方式进行审查和修改，以确保控制有效性。

（5）检查和测试的频率应根据使用的工程控制类型、失效、性能下降的风险和可能性大小而定。

（6）用人单位和劳动者应与进行完整性检查和测试的人员进行沟通合作，以正确和充分完成工作。

（7）一旦发现任何缺陷，应尽快改善或在检查人员规定的时间内改善。

（8）进行彻底检查和测试的人员应提供相关记录，该记录需要由用人单位保存至少5年（记录应包括的内容请参见第10章）。

6.作业机械设备及使用规则（PUWER）适用于在工作中使用的局部排风系统及其组件。局部排风系统作为工作设备，应符合预期目的，保证安全，并始终符合最初投入使用时的所有基本要求。局部排风系统的很多部件（马达、风机、旋转阀等）有危险性，必须采取适当的安全措施。

7.从局部排风的角度来看，相关设备和系统可能包括：

（1）逸散产生器，例如用于转动、磨削和钻孔的机器排放粉尘和金属加工液雾滴。

（2）逸散控制器，例如局部排风罩，可移动和固定抽气设备（其中一些属于"机械"定义，有些可能是机械指令定义的"安全组件"，或在其适用范围内）。

---

*局部排风系统的安装不一定按照COSHH的要求，例如为了去除恶臭。

（3）与粉尘控制相关的一般设备，因为某些操作可能产生有害物气流，例如袋装工作站的称重器。

8.机械指令（Machinery Directive，2006/42/EC）适用于机械设计及施工，以及在市场上销售的各类安全组件。负责人（制造商或授权代表）必须确保其满足相关的基本健康和安全要求（EHSR），包括为机器提供安全使用所必需的所有特殊设备和附件；必须提供机器或安全组件服务和使用的信息，以及符合性声明，并贴上CE标志。

9.如果新设备是现有组件的一部分，那就是作为部分完整机械，供应商可能只需要指定需要达到的空气抽取风速。机械所有者负责确保空气抽取风速足以控制暴露，并要确保将此部分完整机械与现有组件装配在一起后仍是安全的。但是，在提供通用设备且物质性质未知和不可预见的情况下，可能不需要设计/提供局部排风系统。

10.《机械（安全）供应条例（2008年）》（SMSR）要求投放市场或投入使用的机械是安全的。如果供应商不是负责人，他们必须履行HSW法案第6条所述的义务，即在合理可行的前提下，确保在工作中使用的物件的设计和构造是安全的，包括设置、使用、清洁或维护时，始终保持劳动者健康。第6条也适用于机械指令范围以外的组件。

11.因为设备所处理的材料存在发生火灾和爆炸的风险，所以ATEX指令94/9/EC（用于潜在爆炸性环境的设备和保护系统）也可能适用于粉尘处理设备的设计和构造。DSEAR涵盖了与局部排风系统相关的火灾和爆炸风险的用户义务。

12.《工作中的健康和安全管理条例（1999年）》（MHSWR）规定用人单位应具备健康和安全方面的能力，或雇用有能力的人，或从有能力的人那里获得建议。这将包括从事下列工作者：

（1）设计或选择控制措施。

（2）检查、测试和维持控制措施。

（3）为健康和安全目的向用人单位提供商品和服务。

13.MHSWR还指出，用人单位管理人员通过培训、积累工作知识和经验，应能够妥善处理局部排风系统使用过程中的各类问题。

14.简单的情况可能只需要：

（1）理解合规性要求。

（2）意识到自己经验和知识的局限性。

（3）具备补充现有经验的意愿和能力。

15.当面对更复杂的情况时，就需要相关人员具备更专业的知识、技能和经验水平。建议用人单位需要对相关情况进行核实，以便工作能有序开展。

16.COSHH要求：

（1）用人单位应确保开展相关工作的人员应掌握项目开展所需的足够的资料信息，并接受相应的指导和培训。

（2）用人单位应确保专业技术人员有能力针对工艺过程中的有害物控制提出措施和建议。

（3）设计控制措施的人需要具备适当的知识、技能和经验。

（4）检查控制措施各要素有效性的人都应该有这样的能力。

局部排风系统相关的能力有设计、供应、调试和测试能力等。

附录2 选择"控制基准"和"控制要求"

本附录通过举例描述了一系列步骤和务实工作,来说明局部排风系统规格的评估标准。

步骤一:选定危害等级。

步骤二:确定暴露基准。

步骤三:检视暴露矩阵。

步骤一:选定危害等级

危害等级有5个,从A到E(见表附录2.1),等级A的危害最小,等级E的危害最大(详见步骤二)。

表附录2.1 危害等级和分类

危害等级	危害分类	
	CHIP2* R+等级数字	GHS↑ H+等级数字
A	36,38,65,67和所有未被列入的等级数字	303,304,305,313,315,316,318,319,320,333,336和所有未被列入的等级数字
B	20,21,22,68/20/21/22	302,312,332,371
C	23,24,25,34,35,37,41,43,48/20/21/22,39/23/24/25,68/23/24/25	301,311,314,317,318,331,335,370,373
D	26,27,28,40,60,61,62,63,64,48/23/24/25,39/26/27/28	300,310,330,351,360,361,362,372
E	42,45,46,49,68	334,340,341,350

*CHIP(Chemicals Hazard Information and Packaging for Supply):2002年化学品(危险信息和供应包装)法规(已修订)。风险"R"术语。

↑GHS(Globally Harmonised System):全球化学品统一分类和标签制度。危害"H"术语:临时危险分级。

例如：需要使用其中出现任何"R"等级数字的最高危害等级。被归类为 R20、R36/37/38、R65 的产品为 C 级危害，因为 R37 在 C 等级中；被归类为 R68/21/22、R43 的产品也是 C 级危害；被归类为 R20/21/22、R68 的产品为 E 级危害。

步骤二：确定暴露基准

暴露基准见表附录 2.2。

表附录 2.2　暴露基准

	逸散物质的危害（A～E）	暴露基准范围	
	（有害物管理要点）	粉尘/雾滴	蒸气/气体
A	未归类为有害	1～10mg/m³	50～500ppm
B	有害	0.1～1mg/m³	5～50ppm
C	毒性，腐蚀性	0.01～0.1mg/m³	0.5～5ppm
D	极毒，生殖毒性	<0.01mg/m³	<0.5ppm
E	致癌物、致突变物、致敏物	低至合理可行	

基准值应该是暴露标准范围内较低的值。

例如：被归类为危害等级 C 级的产品，浓度范围在 0.01～0.1mg/m³（粉尘/雾滴）或 0.5～5ppm（蒸气/气体），因此其暴露基准定为 0.01mg/m³（粉尘/雾滴）或 0.5ppm（蒸气/气体）。

控制规格

根据有害物管理要点的技术基础可以确定控制解决方案。它采用暴露矩阵，在假设没有控制措施的情况下，确定液体挥发度或粉尘度的典型暴露范围和数量之间的关系。

液体挥发性

挥发性是根据沸点或蒸气压确定的。

（1）低挥发性液体：蒸气压 <500Pa。

（2）中挥发性液体：蒸气压在 500～2500Pa。

（3）高挥发性液体：蒸气压＞2500Pa。

也可以根据沸点及操作温度来确定挥发性。

固体粉尘度

选择粉尘度的判断基础如下。

（1）低粉尘度固体：小颗粒及不会产生粉尘的固体。

（2）中粉尘度固体：颗粒及粗粉尘。

（3）高粉尘度固体：细粉末及会产生细粉尘的固体量。

量的分级如下。

（1）S（小量）：数毫升至1L（液体）；数克至1kg（固体）。

（2）M（中量）：1～1000L（液体）；1～1000kg（固体）。

（3）L（大量）：1000L以上（液体）；1000kg以上（固体）。

步骤三：检视暴露矩阵

液体挥发性和固体粉尘度分别见表附录2.3和表附录2.4。

表附录2.3　液体挥发性

ppm	液体挥发性		
	低	中	高
＞500	—	—	L
50～500	—	M,L	M
5～50	M,L	S	S
＜5	S	—	—

表附录2.4　固体粉尘度

mg/m³	固体粉尘度		
	低	中	高
＜10	—	L	L
1～10	—	M	M
0.1～1	M,L	—	S
0.01～0.1	S	S	—

例如：

中量的低挥发性液体与5～50ppm的暴露范围有关。

少量的高粉尘度固体与0.1～1mg/m³的暴露范围有关。

最近的研究表明,喷雾液体的蒸气浓度矩阵应如下(见表附录2.5)。

表附录2.5　喷雾液体挥发度

ppm	喷雾液体挥发性		
	低	中	高
>500	—	M,L	M,L
50～500	M,L	—	—
5～50	—	S	S
<5	S	—	—

暴露范围内的最高值即为暴露预测值(从步骤三)。比较已知或预测的暴露量与暴露基准(从步骤二),就可推导出控制规格。

例:暴露限值与暴露量已知

松香芯焊锡烟会引起哮喘。它的工作场所暴露限值(WEL)为0.05mg/m³(8小时TWA),而暴露值在合理可行的范围内必须尽量低,如0.01mg/m³。在焊烟气流中测到了若干毫克每立方米(mg/m³)的烟气。考虑到有劳动者靠近工件,热烟雾会上升到呼吸带附近,因此需要设置能够将有害物浓度降低至原来的1/100的局部排风系统,以减少劳动者暴露,即将烟雾中有害物浓度从1mg/m³降低到0.01mg/m³。

例:暴露限值与暴露量未知

5kg有毒液体产品属于危害等级C级(步骤一和二),与0.5～5ppm的暴露基准范围相关。该产品沸点为270℃,工艺温度为130℃,具有中挥发性(见图附录2.1)。对于步骤三所示暴露在50～500ppm的"液体-中量-中挥发性"的关系,需要设置局部排风系统以减少暴露,将浓度降低至原来的 1/1000，即蒸气浓度从 500ppm 下降至 0.5ppm。

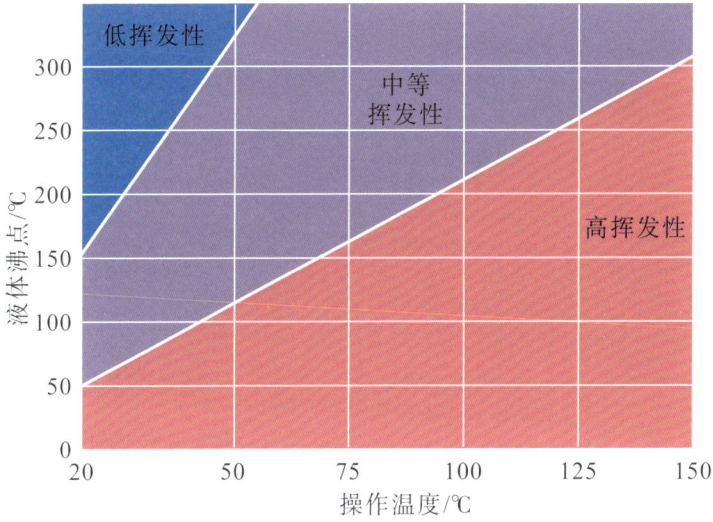

图附录 2.1　液体挥发性分类

附录 3 词汇表

专有名词	相关名词术语	定义:单位	说明单位换算
空气动力学直径 （aerodynamic diameter）	斯托克斯直径	相当于密度为 $1g/cm^3$ 且具有相同终端沉降速度的圆球微粒直径	大多数工作场所的采样是根据空气动力学直径来选择性采集不同粒径的颗粒物
空气净化装置 （air cleaner）	除尘器	将有害物自废气中移除,如滤网、旋风集尘器、风袋、洗涤塔、静电除尘器（EP）	
排风机 （air mover）	排风扇 螺旋桨式风机 轴流式风机 离心式风机 涡轮抽风机	使空气流动的装置	
基准 （benchmarks）		效能标的,例如流速、压力、暴露程度	
边界层 （boundary layer）		靠近表面的层流或紊流空气层,有害物由此逸散	
呼吸带 （breathing zone）		劳动者口鼻四周可吸到的空气区域,通常定义为口或鼻周边30cm范围内	
悬吊式排风罩 （canopy hood）		热源上方的接受型排风罩	
外装型排风罩 （capturing hood）	捕捉罩 捕集罩 外装式排风罩 外部排风罩	有害物发生源及有害物气流在排风罩外。外装型排风罩产生足够的气流在有害物发生源及其周围捕集含有害物的空气,并把它抽进排风罩中	

续表

专有名词	相关名词术语	定义:单位	说明单位换算
控制风速 （capture velocity）		在有害物发生源处所需的风速,以克服有害物气流向外运动,并将其抽进排风罩内	
有效捕集区 （capture zone）		外装排风罩开口前方具有足够捕集风速的三维立体空间	
清净所需时间 （clearance time）		有害物在停止生成后,从一个房间或密闭罩清除所需花费的时间	
调试 （commissioning）	①初步评估 ②预期使用效果 ③安装后效果验证	证明局部排风系统能够满足使用要求	过去要求的局部排风系统很少经过充分的调试
有害物气流 （contaminant cloud or draught）		从有害物发生源逸散的含有害物的空气气流	可能是喷射气流、烟流、气团或缓缓蒸发的蒸气气流
旋风集尘器 （cyclone）		利用离心力的除尘装置	
稀释通风 （dilution ventilation）	一般换气	提供洁净空气到作业环境中与废气混合	可使用风扇加强稀释
置换通风 （displacement ventilation）	活塞流	洁净空气以最低混合模式置换污染空气	因为涡流等致使很难完全有效
下游使用者 （downstream user）		依照REACH条例规定,在其产业或专业的活动过程中的使用单位(不是制造商或进口商)	
导管风速 （duct velocity）		导管截面平均风速	等于体积流速除以截面积
尘饼 （dust cake）		粉尘积聚在滤网线上形成一层饼状物	这样最初可以提高滤网的效能,但持续累积会堵塞滤网而减少气流
粉尘探灯 （dust lamp）	丁达尔光束 丁达尔灯	平行光照射粉尘气流产生散射光	如此得出微粒气流的大小和位移

专有名词	相关名词术语	定义:单位	说明单位换算
操作点 （duty point）		风扇曲线与系统阻力曲线的交汇点	操作点需坐落在风扇的最佳操作范围内
涡流 （eddy）		气流中具有旋转运动的区域,流向与主流相反	总是发生在排风罩入口,平顺的入口可以减少涡流
静电除尘器 （electrostatic （precipitator）	EP	一种除尘设备,带电粒子被吸引到相反极性的平板上,并附着在板面上	
包围型排风罩 （enclosing hood）	包围型 层流室 层流岗亭 隔离房 洁净室 舱 岗亭室 排风柜	包围型包围工艺过程。 隔离房包围工艺过程及操作员 部分包围型包围工艺过程,但有开供物材料及操作员接近	包围型及隔离房:置换通风的程度决定了个人的暴露和清净所需时间
暴露限值 （exposure limit）	OEL	OEL 是常用的职业暴露限值	TLV 是最早的 OEL 形式且目前都广泛使用
	WEL	工作场所暴露限值（Workplace Exposure Limit GB）	
	MAK	最高容许浓度（Maximale Arbeitsplatz Konzentration D）	大部分 OEL 是 8 小时及 15 分钟时测得的平均值
	IOELV	指示性职业接触限值（Indicative Occupational Exposure Limit Value EC）	
	DNEL	推导无效应水平 Derived No Effect Level（EC;REACH）	
	PEL	容许暴露浓度 Permissible Exposure Limits（USA）	容许暴露限值
	TLV	阈限值 Threshold Limit Values（US ACGIH）	
开口风速 （face velocity）		排风罩前方开口的平均风速（米/秒,m/s）	直接测量,或以体积流速除以开口面积计算

续表

专有名词	相关名词术语	定义：单位	说明单位换算
风扇曲线 （fan curve）	风扇性能曲线	风扇压力、功率及效率与体积流速的曲线图	
流速 （flow rates）	线性流速 体积流速	计量单位 线性：米/秒，m/s 体积：立方米/秒，m³/s	1m/s=197ft/min 1m³/s=2119m³/min
整体换气 （general ventilation）	通风 一般通风	从一个空间抽取整体空气并置换	可以稀释、置换或者两者兼而有之，可搭配排风机
排风罩 （hood）		包围、接收或捕集有害物气流的装置	
排风罩开口 （hood face）	排风罩入口 注意：不是接在排风罩后方的导管入口	排风罩入口处；工作场所与排风罩内部间的平面。对于一个密闭式排风罩，开口是指所有缺口，为工作场所空气的入口点	排风罩入口并不总是显而易见的。开口有别于排风罩后方的夹缝或滤网（"导管入口"）。虽然它对测量导管入口风速是非常有用的，但这不能与表面风速混淆。
可吸入性粉尘 （inhalable particles）	总粉尘 呼吸性粉尘	能进入口鼻的气悬物质，因此有可能沉积在呼吸道中	包括总粉尘、呼吸性粉尘
局部排风系统报价单 （LEV quotation）		局部排风系统供应商提供交付的文件，包括效能及价格	
局部排风规格 （LEV specification）		用人单位（以客户身份）陈述的局部排风需求	
上缘边框抽气 （lip extraction）	环抽气	沿着开放液面槽等大面积有害物发生源的一侧或多侧的抽气夹缝	不适用于槽体宽大于1.2m者
局部空气置换 （local air displacement, LAD）	喷射气流 吹气 空气浴尘室/风淋室 空气岛	宽广、移动相对缓慢的喷射气流，吹入劳动者的呼吸区，以取代含有害物的空气	详见第7章

专有名词	相关名词术语	定义:单位	说明单位换算
局部排风 （local exhaust ventilation，LEV）	局部抽气 抽风 抽取粉尘 抽取雾滴 抽取烟 抽取蒸气	利用动力强制吸引,移除有害物产生源或其附近的废气	
低风量高风速排风系统 （low volume high velocity，LVHV）	喷枪上抽取 工具上抽取 焊锡头抽取（适用于焊锡）	局部排风的一种方法,采用非常小的排风罩在非常靠近有害物发生源的地方,利用高速空气抽取来捕集有害物	通常安装在手工具上
补充空气 （make-up air）	置换空气	用来置换被抽取出的空气	这是局部排风系统的一部分
压差计 （manometer）		一个简单的压力显示装置,例如装在排风罩上	在过去,适当的压力表是罕见的
负压 （negative pressure）		局部排风系统内部的空气压力低于工作场所	
柱塞流/塞流 （piston flow/ plug flow）	置换通风	请参阅"置换通风"	
皮托管 （pitot tube）	皮托静压管 普朗特管	测量静态及全压的设备	
气室 （plenum）	均压室	设在走入式岗亭或局部空气置换系统的滤网后方,用以平顺气流的装置	
正压 （positive pressure）		空气压力高于工作场所	
压力 （pressure）		计量单位： 帕斯卡（Pa） Torr=毫米汞柱（mmHg） 毫巴（mbar） 每平方英寸磅数（psi） 英寸水柱（WG）	1mmHg=133Pa 1mbar=103Pa 1psi=7237Pa 1in WG=249Pa

续表

专有名词	相关名词术语	定义：单位	说明单位换算
制程 （process）		会产生空气中有害物的方式	了解制程，就意味着了解有害物发生源的产生。可以通过提出建议修改制程来减少有害物发生源的数量或大小，以及有害气流的产生
吹吸型 （push-pull）	吹吸型排风罩	有害物发生源的一侧有吹气口把有害物气流吹向另一侧的吸气口	吸气气罩成为一个受体
定性评估 （qualitative assessment）		以观察进行评估	
定量评估 （quantitative assessment）		以测量进行评估	
接受型排风罩 （receiving hood）	受体排风罩 悬吊式排风罩 （接受型排风罩是吹吸型换气罩的一部分）	接受型排风罩接收有害气流，借由来自制程的"向量"将有害物气流推进排风罩内	成功的接受型排风罩可以拦截并围堵有害物气流
可呼吸性粉尘 （respirable particles）		空气中的物质能穿透到肺的气体交换区域的部分	粉尘空气学直径在10μm以下。正常照明下不可见
风险管理措施 （risk management measure）	RMM	局部排风是REACH的一种风险管理措施	物质及产品的扩充物质安全资料表将对风险管理措施做出规定
条缝夹缝型排风罩（slot）		长扁形排风罩开口，长宽比5:1以上	
有害物发生源 （source）		会产生有害物的制程；产生有害物气流之处	

专有名词	相关名词术语	定义：单位	说明单位换算
有害物发生源逸散强度（source strength）		有害物气流逸散的体积、流速，有害物气流体积、形状与速率，及有害物浓度的组合	
静压（static pressure）	P_s	在垂直于气流的方向测量空气压力，即用压差计测量内部与外部之间的空气压力差	
时间加权平均值（time-weighted average）	TWA	在指定时段内（通常是8小时或15分钟）空气中有害物的平均浓度	8小时时间加权平均值可适用于24小时的平均值，但要调整回到8小时
全压（total pressure）		静压与动压之和	让流动空气静止的压力
搬运风速（transport velocity）	输送风速	输送微粒并预防其沉积于管道内的风速	
紊流（turbulence）		非层流气流	
蒸气压（vapour pressure）		蒸气的气压与其液相（或固相）平衡	1Pa=9.86ppm 25℃时 mg/m³=ppm$\times\dfrac{M}{24.45}$（M，分子量）
向量（vector）	速度及方向	有害物气流或测风的速度和方向	无/低向量，如槽体发挥的蒸气。高向量，如角磨机射出的粉尘
动压（velocity pressure）	P_v	因空气流动而产生的压力	全压减去静压
开口缩流（vena contracta）		开口内有一段气流会先平行缩束再展开	
尾流 wake）	尾流再回流区	气流流经某物体之后，在其下游侧形成的低压区域	劳动者下游的尾流中会出现复杂的气流模式。有害物会被吸入呼吸区
作业区（working zone）		工作场所中产生有害物气流的制程的空间	